CRIMES ET DÉLITS

CONTRE ET

ATTENTATS À LA PROPRIÉTÉ PAR CUPIDITÉ.

MÉMOIRE

RÉDIGÉ POUR LE NEUVIÈME CONGRÈS INTERNATIONAL DE STATISTIQUE

PAR

M. M. VON BAUMHAUER,

MEMBRE DE LA COMMISSION PERMANENTE DU CONGRÈS

POUR LES PAYS-BAS.

LA HAYE, 1874.

IMPRIMERIE DE L'ÉTAT.

CRIMES ET DÉLITS CONTRE ET ATTENTATS À LA PROPRIÉTÉ PAR CUPIDITÉ.

On trouve dans le programme de la huitième session du congrès international de statistique tenu à St. Pétersbourg, pag. 22-79, une comparaison des législations française, belge, allemande et russe pour les crimes contre la vie, le duel et l'avortement, avec un plan de statistique internationale. Une pareille tâche m'a été confiée pour le vol ou l'appropriation illégale et frauduleuse du bien d'autrui.

Je commence par faire observer que le mot *vol* a une signification plus ou moins restreinte, celle que lui donne chaque législation ou chaque Code Pénal et une signification générale plus conforme au *furtum* des Romains qu'on pourrait nommer la signification populaire. Tout individu qui déclare être volé ne s'inquiète guère si cette aliénation de son bien, cette appropriation par autrui est qualifiée par l'un ou l'autre Code Pénal comme vol proprement dit, comme escroquerie, abus de confiance ou détournement.

Les Romains qualifiaient *furtum* la contrectatio fraudulosa non seulement rei alienae c. à. d. d'une chose ou d'un objet d'autrui dont on n'avait ni l'usage ni la possession, mais aussi la contrectatio fraudulosa de ce même objet dont l'usage ou la possession avait été confié à celui qui l'avait détourné en abusant de la confiance du vrai propriétaire (contrectatio fraudulosa rei alienae, contrectatio fraudulosa, vel ipsius rei, vel ejus usus possessionisve).

L'essentiel était pour les Romains qu'on eût agi contre la volonté du propriétaire de l'objet (invito domino, contra voluntatem domini). On cessait d'être considéré comme voleur aussitôt qu'on avait agi *ex voluntate domini*. On devenait *fur* de son propre bien en privant frauduleusement le possesseur ou l'usager légitime de la possession ou de l'usage de ce bien.

Dans les codes modernes français et allemands le premier élément et le caractère distinctif du vol est la *soustraction* (Entwendung, amotio de loco ad locum) frauduleuse d'une chose qui ne nous appartient pas,

Ello fait passer la choso do la possession du légitimo détenteur dans cello de l'auteur du vol à l'insu ou contre lo gré du premier. Lo furtum des Romains a son premier élément et son caractère distinctif dans lo gain frauduleux, lo désir do s'enrichir par fraude et au détriment d'autrui (contrectatio fraudulosa lucri faciendi gratia ou animo lucri faciendi, gewinnsüchtige Absicht).

Lo furtum est à la soustraction dans lo mêmo rapport quo lo tout à uno do ses parties. Si l'agent a reçu du détenteur lui-mêmo, à quelquo titro quo co soit, l'objet qu'il a dissipé, il commet un furtum usus possessionisvo chez les Romains, un abus do confiance, un détournement d'après les législations modernes.

Nous allons donc examiner non seulement les diverses espèces do vols, mais en outro l'escroquerie, l'abus do confiance, en général tout enlèvement et détournement frauduleux do la choso d'autrui.

La première question à laquello auront à répondro mes honorés collègues est:

Qu'entend-on par vol dans votre législation, ses limites se rapprochent-elles du furtum des Romains ou de la signification que lui donnent les principales législations modernes?

En spécialisant et en entrant en matière, nous trouvons dans uno partio des anciens Codes des États do l'ancienne Confédération germaniquo lo vol de la choso trouvéo (Funddiebstahl), lorsqu'on n'a fait aucune déclaration à la police, quo lo Codo Pénal français et ceux qui ont suivi ses principes en modifiant les peines, ainsi quo lo Codo Pénal do l'empiro allemand du 15 Mai 1871, ont passé sous silenco. On sait quo tant en France qu'en Belgiquo et dans les Pays-Bas les auteurs et la jurisprudenco no reconnaissent un vol dans la choso trouvéo, quo lorsquo l'intention frauduleuso est néo avec la prise en possession, tandis que dans les cas où cette intention frauduleuso no s'est manifestéo quo postérieuremont ou quo la choso trouvéo est présuméo avoir été abandonnéo par son propriétairo, il no peut y avoir aucune action pour vol.

Les Italiens désignaient cetto appropriation du nom de vol impropro (furtum improprium); on la trouvo punio commo tello dans une loi toscano du 3 Juin 1819. Plusieurs auteurs et la plupart des codes allemands l'ont considéréo commo un *abus de confiance* (Unterschlagung); lo codo Autrichien du 27 Mai 1852 la considérait commo *fraude* en faisant dépendro la peine do la valeur au-dessus de 25 florins et de l'intention criminelle (geflissentlich verhehlt u. sich zueignet). On retrouve cetto dernière qualification (truffe) dans lo Code Pénal de l'ancien royaume do Sardaigno art. 683, qui lorsqu'on avait omis la déclaration et conservé la choso trouvéo punissait d'une amende du doublo de la valeur, lorsquo l'objet trouvé n'était évalué qu'à 2 à 30 lires, d'un emprisonnement jusqu'à six mois en cas d'une valeur plus grande.

Lo projet d'un Codo Pénal néerlandais do 1847, retiré par lo Gouvernement pour tout autre motif, Livre II, art. 32 du XIX-ième titre, punissait l'appropriation d'un objet trouvé, pris en possession de bonne foi, lorsque la mauvaise foi s'est manifestée plus tard, d'une peine correctionnelle d'au moins un mois.

Donc une seconde question:

Votre Code Pénal, votre législation considèrent-t-ils l'appropriation de la chose trouvée comme vol et dans quels cas?

En cas de réponse négative: *Votre législation pénale fait-t-elle mention de l'appropriation de la chose trouvée et quel caractère donne-t-elle à cette infraction* (tout en indiquant les peines)?

Votre législation rend-elle obligatoire la déclaration à la police des choses trouvées?

Le Code Pénal français art. 379, en définiant le vol, s'abstient de toute énumération de motifs, tandis que d'autres codes, tel que l'ancien droit Prussien (Preussisches Landrecht § 1108), font mention de plusieurs motifs dans leur définition, d'autres enfin, tels que le code de l'ancien royaume de Sardaigne, art. 653, la loi du Mecklenbourg du 4 Janvier 1839, ne donnent du vol aucune définition.

On demande donc:

1°. *Votre Code Pénal, votre législation pénale donnent-ils une définition du vol?*

2°. En cas d'affirmation: *quelle est cette définition?*

3°. *Les motifs sont-ils spécialement mentionnés ou laissés à l'appréciation du juge?*

Dans les anciens Codes allemands et le nouveau Code de l'empire allemand, ainsi qu'en Autriche, toute soustraction frauduleuse (Entwendung) n'est pas qualifiée Diebstahl. On admet une division bipartie en nommant *Raub* la soustraction avec contrainte, offense ou lésion personnelle (Verletzung angeborner Rechte einer Person, Gewalt gegen eine Person oder Anwendung von Drohungen mit gegenwärtiger Gefahr für Leib und Leben), *Diebstahl*, la soustraction lorsqu'elle n'a porté atteinte qu'à la chose ou au droit de propriété. On considérait le *Raub* tantôt comme crime contre les personnes, tel que l'ancien Code du Royaume de Saxe du 11 Août 1855 ch. VI, artt. 177 suiv., tantôt comme crime contre la propriété, tel que le nouveau Code Pénal allemand. Le Code Pénal français au contraire ne considère les violences, la contrainte, les menaces qui accompagnent le vol que comme une circonstance aggravante ou une aggravation de la peine, tout en conservant la qualification de vol. — Je dois cependant faire observer que tout vol avec violence du Code Pénal français ne peut pas être considéré comme *Raub*, mais seulement celui où la violence a été préméditée et est inhérente au vol. Le vol avec port d'armes, si l'on ne s'en est muni que pour s'en servir en cas de besoin, la violence fortuite ou sans préméditation, qui a accompagné le vol, est *l'ausgezeichneter Diebstahl* ou le vol qualifié des allemands.

On demande donc:

Votre législation pénale considère t-elle la rapine (Raub) comme un crime particulier ou comme une espèce de vol, une cause concomitante du vol qui aggrave la peine?

Le péculat, dérivé du mot *pecus*, l'unique richesse primitive des Romains, était chez eux un vol public (peculatus furtum publicum dici coeptus a pecore) plus tard par analogie on désigna par péculat le vol des deniers de la caisse publique (peculatus est furtum pecuniae publicae vel fiscalis).

Jules Caesar dans sa loi Julia de peculatu punit de péculat la dissipation des deniers destinés aux sacrifices (lege Juliâ peculatus tenetur qui pecuniam sacram, religiosam abstulerit, interceperit). Ensuite la même qualification a été étendue au détournement des deniers privés confiés à des dépositaires publics, et par la loi Julia de residuis aux comptables qui conservaient entre leurs mains les deniers publics qu'ils avaient reçus pour les employer à un usage déterminé.

Au moyen âge, et dans l'ancien droit on entendait en général par péculat le vol ou la dissipation des deniers *royaux* ou du fisc *public* (le détournement de deniers privés ne constituait point ce crime) par les receveurs et autres officiers qui en avaient le maniement ou à qui le dépôt en avait été confié ou par les magistrats ordonnateurs.

Le Code Pénal français (et ses puînés) dans sa division tripartite des infractions à la loi range l'ancien péculat, sous la dénomination générale de forfaiture, crime qui surpasse de beaucoup les bornes du péculat, parmi les infractions ou attentats à la chose publique. Les artt. 169 à 172, qui rentrent parfaitement dans notre matière, inculpent tout percepteur, tout commis à une perception, dépositaire ou comptable public, qui aura détourné ou soustrait des deniers publics ou privés ou effets actifs en tenant lieu ou des pièces, titres, actes, effets, mobiliers qui étaient entre ses mains en vertu de ses fonctions. Cet article ne s'applique pas seulement au détournement des deniers publics, il comprend encore celui des deniers privés qui sont déposés entre les mains des fonctionnaires en vertu de leurs fonctions. La peine monte aux travaux forcés à temps et descend à un emprisonnement de deux ans au moins et de cinq ans au plus suivant la valeur des choses détournées ou soustraites.

L'art. 173 du Code Pénal prévoit et punit des travaux forcés à t n; s une deuxième espèce de soustraction, suppression, destruction, celles d'actes et titres d'une valeur indéterminée.

Dans l'ancien droit allemand le péculat était l'aliénation du bien public. On considérait comme péculat:

1°. le vol d'objets sacrés dans les églises (Kirchenraub, crimen sacrilegii);

2°. le péculat dans sa signification restreinte ou la lésion ou l'aliénation du bien public;

3°. le crimen residui ou l'emploi d'un bien public qu'on a sous sa garde à des buts privés.

Le nouveau Code Pénal allemand § 268 punit l'auteur d'une falsi-
fication d'actes ou de titres (Urkundenfalschung) pour s'enrichir ou au profit
et au détriment d'autres personnes, si c'est un acte sous seing privé de
réclusion jusqu'à cinq ans, si c'est un acte public de réclusion jusqu'à
dix ans, en admettant toutefois des circonstances atténuantes qui dans le
premier cas peuvent réduire la peine à un emprisonnement d'une semaine,
dans le second à un emprisonnement de trois mois.

Tandis qu'anciennement et surtout dans le droit canon le sacrilège
était puni des peines les plus sévères, tout en distinguant dans les graduations de la peine:

1°. le vol d'église ou des objets appartenant au culte dans une
église ou un lieu sacré;

2°. le vol dans les églises ou lieux sacrés d'objets profanes;

3°. le vol d'objets sacrés ou appartenant au culte dans un lieu profane.

Les législations plus récentes considèrent ce vol en partie comme
forfaiture ou comme une infraction à la chose publique, en partie comme
vol avec circonstance aggravante.

On sait qu'en France et dans les pays où le Code Pénal et ses
principes sont restés en vigueur, le vol sacrilège, que les anciennes ordon-
nances et déclarations punissaient des peines les plus sévères et que l'as-
semblée constituante qualifiait vol dans un édifice public, incrimination
que le Code de 1810 a effacé, avait été réduit à un simple vol, réduction
qui a été éludée par maint arrêt évasif des cours et même de la cour
de cassation de France. La loi interprétative du 25 Avril 1825, qui rangeait
positivement les églises parmi les maisons habitées, avait été abrogée
purement et simplement par celle du 11 Octobre 1830. Lors de la révision
du Code Pénal en 1832 on ajouta au paragraphe premier de l'art. 386
les mots empruntés à la loi interprétative: „ou dans les édifices consacrés
aux cultes légalement établis en France". Les vols d'église et dans les
églises sont donc assimilés actuellement en France aux vols dans des
maisons habitées.

Cet aperçu nous mène aux questions suivantes:

Le mot péculat est-il spécialement adopté et défini dans votre législation?
En cas d'affirmation: *Qu'entend-on par péculat?*

*Votre législation considère t-elle l'aliénation ou la dissipation des deniers
publics comme un crime particulier et, en cas de réponse affirmative, comme
quel crime?*

*Considère-t-elle cette aliénation comme une infraction à la chose publique
ou comme une infraction à la propriété?*

Votre législation fait-elle des distinctions dans les graduations de la peine?
Ces graduations ont-elles rapport:

1°. *à la qualité des personnes* (officiers publics ou autres)?

2°. *à la nature des objets dissipés ou détournés* (deniers publics,
deniers privés etc.)?

Le vol sacrilège (Kirchenraub) *est-il considéré comme péculat, comme crime spécifié ou comme vol?*

Distingue t-on quant à la spécification et quant à la peine le vol d'église ou le vol d'objets sacrés dans une église ou dans un lieu sacré du vol dans ces lieux d'objets profanes?

Admet-on la distinction du lieu, où le vol a été commis, pour le vol d'objets sacrés?

L'esprit moralisateur (eine gewisse Gemüthlichkeit) est le caractère prédominant des peuples d'origine germanique, on le trouve dans les législations d'origine allemande tant civiles que pénales. On trouve les traces de cet esprit dans leur qualification du vol de la chose trouvée. Cet esprit prédomine surtout dans leur appréciation du vol entre proches parents, se chauffant au même foyer (Familiendiebstahl).

Le Code Pénal et ses puînés, qui ne pèchent guère du côté moralisateur, s'abtiennent des fouilles dans les scandales domestiques et, s'ils s'en mêlent, ce n'est que provoqués par une dénonciation de la part de la partie lesée.

On sait qu'en droit Romain, en cas de la plus proche parenté, l'actio furti n'était point admise. La constitution criminelle Caroline art. 165 et les codes allemands admettent cette action et punissent ce vol lorsque la partie volée a porté plainte. Le nouveau code allemand § 247, en déclarant les vols et abus de confiance entre ascendants et descendants et entre époux non punissables, n'admet la poursuite contre d'autres alliés par parenté, contre tuteurs, instituteurs, serviteurs à gages et commensaux que sur dénonciation. Le code autrichien punit les soustractions entre époux, père et mère, enfants, soeurs et frères, faisant partie du même menage, d'une simple peine de police, lorsque le chef de la famille a porté plainte. Le premier paragraphe de l'art. 380 du Code Pénal français est ainsi conçu: „Les soustractions commises par des maris au préjudice de leurs femmes, par des femmes au préjudice de leurs maris, par un veuf ou une veuve quant aux choses qui avaient appartenu à l'époux décédé, par des enfants ou autres descendants au préjudice de leurs pères ou mères ou autres ascendants, par des pères ou mères ou autres ascendants au préjudice de leurs enfants ou autres descendants ou par les alliés aux mêmes degrés, ne pourront donner lieu qu'à des réparations civiles".

On demande donc:

La soustraction frauduleuse d'objets ou de biens meubles par proches parents et autres personnes habitant sous le même toit ou formant un menage est-elle considérée comme vol par le législateur?

En cas d'affirmation: Ce vol est-il poursuivi d'office ou sur la plainte, soit de la partie volée, soit d'un des proches parents?

Le législateur admet-il pour ce cas un adoucissement ou une spécification de la peine?

En cas de réponse négative: *Jusqu'à quel degré de parenté et sous quelles conditions admet-il l'immunité de la peine?*

La soustraction donne t-elle lieu à l'action civile et à des réparations civiles?

Nous venons de considérer le vol en général, surtout quant à ses limites et sa spécification dans les différentes législations. Les qualifications du vol par législation donnent matière à un exposé ample et difficile.

Observons d'abord, pour ne pas nous égarer dans un labyrinthe ou un dédale, dont nous pourrions perdre le fil, qu'on peut admettre cinq qualifications principales ou cinq rubriques, sous lesquelles toutes les qualifications peuvent être classées:

1°. La *valeur* des objets ou des biens meubles volés.

2°. La *qualité* de l'auteur.

3°. Le *temps* où le vol a été commis.

4°. Le *lieu* de la perpétration du vol.

5°. Les *circonstances* qui ont *accompagné l'exécution* du vol.

1°. La *valeur* des objets ou des biens meubles, sauf les cas prévus par les artt. 169 et 173, ne qualifie pas le vol dans le Code Pénal français, qui se borne à une disposition générale sur l'exiguité du préjudice causé (art. 463), disposition qui a été la source de maints abus.

L'appréciation de la valeur du vol dans la graduation de la peine, qui nous rappelle l'actio furti vel in duplum vel in quadruplum des anciens romains, prédomine dans les statuts allemands et italiens du moyen âge. Nous ne mentionnons que le Schwabenspiegel art. 116, la constitution de Frédéric I (II, Feud. 27, § 8), les statuts italiens de Turin, Casali et Vercelli. (monumenta hist. patriae, Tom II, pag. 715, 907). La valeur de cinq solidos, cinq florins et au delà transformait un larcin (furtum parvum, kleiner Diebstahl) en un vol de grande importance (furtum magnum, grosser Diebstahl). Non seulement les législations criminelles allemandes aggravent les peines d'après la valeur des objets tant pour le vol que pour l'abus de confiance, on retrouve aussi cette appréciation dans les législations des cantons suisses allemands (1) et même pour la suisse française dans celle du canton ou pays de Vaud (Code Pénal du 18 Février 1843), enfin dans l'ancien Code Pénal Toscan du 8 Avril 1856 (2). La plupart

_____

(1) Dans le canton de Zurich les justices de cercles (Kreisgerichte au nombre de 52) jugent les vols simples, abus de confiance et simples fraudes au-dessous de vingt francs. Les vols qualifiés et abus de confiance du premier degré de p'us de 150 francs, les vols simples et abus de confiance du second degré de plus de 300 francs; la fraude qualifiée de plus de 150 francs et la fraude simple de plus de 300 francs sont de la compétence des tribunaux à jury (au nombre de trois); tandis que les vols, abus de confiance et fraudes d'une valeur intermédiaire sont du domaine des onze tribunaux de district (Bezirksgerichte).

(2) On trouve dans le compte-rendu de la justice criminelle du Royaume d'Italie pour l'année 1870, tab. IX, pag. 287, tab. XVIII, pag. 597, une rubrique séparée pour les vols *aggravati o qualificati pel valore*, d'après les dispositions des Codes Pénals du 20 Juin 1853 et du 20 Novembre 1859; ainsi que sept rubriques pour la spécification des vols d'après leur valeur.

des anciennes législations allemandes considéraient le vol au-dessous de cinq florins ou d'une valeur minime (1) comme une simple contravention de police et faisaient dépendre de la valeur des objets volés, dont la taxation, en cas de dégât ou mutilation et de prix d'affection, devenait pour les juges et experts une rude besogne, la qualification du vol comme contravention de police, comme délit, comme crime. Toutefois dans le Code Pénal autrichien du 27 Mai 1852, §§ 174 et 176, la grande valeur du vol n'était dans la plupart des cas qu'une circonstance aggravante.

On demande donc:

Votre législation admet-elle la valeur de la chose volée comme qualification du vol?

En cas d'affirmation: *Considère-t-elle la grande valeur comme une simple circonstance aggravante ou admet-elle des graduations dans les peines ou dans l'échelle pénale d'après la valeur?*

Quelles sont ces valeurs et les échelles pénales qui y correspondent?

2°. *La qualité de l'auteur.* L'immoralité de l'action correspond au degré de dépravation de l'auteur. A juste titre cette dépravation est présumée être d'autant plus grande à mesure que la profession ou la condition de l'auteur est plus élevée, que sa position sociale, ses rapports intimes ou journaliers avec la personne volée justifient une double confiance. Le Code Pénal français surtout attache une grande importance à la qualité de l'auteur.

La position sociale de l'auteur a inspiré aux législateurs français les artt. 169 et 174; les rapports intimes ou journaliers et la profession ou la condition les deux derniers alinéas de l'art. 386 du Code Pénal de 1810. (2)

Quant aux rapports intimes ou journaliers, se joignant à la profession, l'art. 386 fait peser l'aggravation sur trois classes de personnes: les domestiques ou gens de service à gages, les ouvriers, les individus travaillant habituellement dans l'habitation où ils ont volé. En énumérant ces trois classes le législateur a cru comprendre dans sa classification *toute* personne qui se trouve dans un rapport intime ou journalier avec la personne volée, qu'il soit commis, secrétaire, clerc, commis-voyageur ou toute autre personne soumise à l'autorité d'un supérieur ou d'un maître. La loi du 28 Avril 1832 a confirmé cette interprétation en ajoutant à l'art. 408, le corollaire de l'art. 386 pour l'abus de confiance, un deuxième paragraphe, qui punit l'abus de confiance commis par un domestique, homme de service à gages, élève, clerc ou commis. Le doute n'avait aucune valeur pour l'interprétation de l'art. 386, généralisant par l'addition des mots: „ou un

---

(1) La limite était de dix florins dans le Code Pénal bavarois de 1861, artt. 283 et 287.

(2) L'article 14 6° et 7° de la loi néerlandaise du 29 Juin 1854 a correctionnalisé la peine en fixant la durée de deux à cinq ans dans tous les cas prévus par l'art. 386 3° du Code Pénal français et dans le cas où le vol mentionné au 4° de cet article a été commis dans l'auberge ou l'hôtellerie par une personne qui y était reçue.

individu travaillant habituellement dans l'habitation où il aura volé"; il était préjudiciable à l'interprétation de l'art. 408.

Le législateur français, en considérant la qualité de l'auteur au point de vue social ou dans ses rapports extérieurs avec la société, a épuisé la question, sauf l'addition peut-être indispensable à art. 386 4° des logeurs et teneurs de maisons garnies, des cabaretiers, des restaurants, cafetiers, limonadiers, cantiniers ou vivandiers, des étuvistes, des surveillants d'hôpitaux et de maisons de santé. Son exposé est un modèle pour les législations futures. Son côté faible est dans la graduation de la peine, lorsque la dépravation de l'auteur se manifeste par l'habitude du crime et par le mépris de toute peine subie antérieurement, surtout lorsque ce mépris lui fait commettre à chaque rechute le même crime ou le même délit. Le chapitre IV du Livre premier, amendé ou non, est la plus faible partie du Code Pénal français. Les artt. 54-56 du Code Pénal Belge du 15 Octobre 1867 et l'art. 11 de la loi néerlandaise du 29 Juin 1854 n'ont fait que restaurer l'ancien échafaudage quant à la graduation des peines. — Le scélérat qui du vol se fait un métier (known thieves and depredators) est le plus dangereux sujet d'une société, le plus grand ennemi du respect sacré dû à la propriété individuelle, de la sécurité publique et de l'ordre social. Qu'on songe aux *swell cresmen* dans les carrefours de Londres, qui méditent et préparent les vols en se servant d'espions et d'agents subalternes pour l'exécution et en se réservant leur part dans le butin des vols consommés. Métier qu'on retrouve en France dans les *donneurs d'affaires* avec leurs *courtiers* et *malfaiteurs faméliques* (1).

L'aggravation de la peine pour délit réitéré se trouve déjà dans les anciens statuts Italiens et en général dans les statuts du moyen âge. (2) Le statut de Turin (Monum. hist. II, pag. 715) nomme le voleur de profession *publicum latronem* qui habet famam pluries committendi furta. Le droit Lombard nommait *fures famosi* ceux qui quatuor furta vel ultra confessi sunt. Les statuts d'Eporedie, en graduant par le nombre de solidos à payer la peine pour les réitérations antérieures, punissaient de mort le quatrième vol. Ce même principe on le retrouve dans l'ancien droit germanique. On n'a qu'à feuilleter les constitutions (Landesordnungen) du seizième siècle, la Hennebergensis, la Badoise, la Bambergensis, la Brandenburgensis et la Caroline et les dissertations sur le troisième vol de plusieurs criminalistes allemands, tels que Konopack, Grolman, Tittman,

---

(1) Ce jugement diffère un tant-soit-peu de celui de Monsieur Charles Lucas, de la réforme des prisons ou de la théorie de l'emprisonnement, Tom. II, pag 62 (Paris 1838), qui, ébloui par une philanthropie fort respectable, mais un peu fanatique, ne voit dans l'esprit d'un voleur de profession qu'un mélange de désespoir et de fatalisme qui lui fait envisager le vol, quand il s'y est une fois jeté, comme une voie sans issue, dans laquelle il doit désormais vivre ou mourir.

(2) Voyez Farinacius de delictis et poenis L. I, tit. III, Covarruvias a Leyva var. res. L. II, c. 10, Matthias Vuchetius, Inst. jur. Crim. Hungarici p. 167.

Oesterding et autres. On trouve des dispositions pénales particulières sur le troisième vol tant dans l'ancien droit Prussien (Preuss. Landrecht § 1159 u. 1160) que dans les différentes législations pénales des pays allemands.

Pour motiver l'aggravation de la peine il ne suffisait pas qu'on ait volé trois fois, la peine encourue pour les deux vols antérieurs devait être subie (die factisch vorhandene zweimahlige Bestrafung muss sich als eine wirklich rechtliche, das heisst gegen den Schuldigen verhängte, von ihm verwirkte ergeben. Abegg, N. Arch. d. Crim. R. 1834, S. 418). Le nouveau Code Pénal allemand § 244, § 250 5°, § 261 punit l'auteur et le recéleur en cas de vols de recels réitérés, lorsqu'ils ont subi leur peine la première fois, de reclusion jusqu'à dix ans en admettant toutefois des circonstances atténuantes, qui en cas de vol simple (§ 242) peuvent faire descendre la peine à un emprisonnement de trois mois, en cas de vol qualifié (§ 243) à un emprisonnement d'un an.

On aura donc à répondre aux questions suivantes:

La qualité de l'auteur est-elle dans votre législation une circonstance aggravante du vol?

A quelles personnes cette qualité s'étend-elle quant à leur position sociale, leur profession ou condition, leurs rapports intimes ou journaliers avec la personne victime du vol?

La réitération du vol est-elle puni de peines spéciales ou plus graves et dans quels cas?

Admet-on dans les cas de réitération du vol des circonstances atténuantes qui mitigent la peine?

3°. *Le temps.* Le plein jour, le crépuscule et la nuit ont été en droit criminel le tourment des législateurs et des juges; c'est la huitième croix à ajouter aux septem cruces du droit romain. La nuit prête de grandes facilités à l'exécution du vol et enlève à la victime du vol la plupart des moyens qu'en plein jour elle peut employer pour s'en garantir, tout en paralisant les moyens d'acquérir les preuves du fait. Or il fait nuit dans un bourg pourri, dans un hameau, dans une maison isolée habitée par un seul menage, lorsqu'on est en plein jour dans une cité populeuse avec force reverbères et becs à gaz, avec force bâtiments, où, en guise de casernes, plusieurs menages sont blottis sous un même toit. C'est donc à juste titre que le législateur français n'a pas considéré la circonstance isolée de la nuit comme une circonstance aggravante du vol.

Cette circonstance ne devient un élément d'aggravation que lorsqu'elle apporte une cause de péril ou un moyen plus facile d'exécution, lorsqu'elle concourt avec d'autres faits également destinés à assurer la consommation du crime. Ce concours git tant dans l'audace et la préméditation dangereuse de l'agent, qui n'hésite pas dans le choix des moyens, même les plus criminels, tels que violences et homicides, pour parvenir à la consommation du vol, que dans le choix du lieu de la perpétration, des instruments et des moyens dont il se sert et dans l'assistance qu'on lui prête pour faciliter la perpétration.

La nuit aggrave la peine du vol d'après les dispositions du Code Pénal français de 1810, lorsqu'il s'agit d'un vol de récolte commis dans les champs (art. 388), dans une maison habitée (art. 386), s'il est accompagné de violences, de port d'armes et commis par plusieurs personnes (art. 385); enfin s'il est commis, en outre de ces trois circonstances, avec effraction, escalade ou fausses clefs dans une maison habitée (art. 381).

Nous demandons donc:

L'heure nocturne choisie pour commettre le vol est-elle un élément d'aggravation de la peine du vol?

En cas d'affirmation: *Cet élément motive-t-il à lui seul l'aggravation ou seulement en étant accompagné d'autres circonstances aggravantes?*

Quelles sont ces circonstances concomitantes?

4°. *Le lieu.* Le Code Pénal français qualifie à raison du lieu: *a)* les vols commis dans les champs (art. 388), *b)* ceux commis dans les maisons habitées et leurs dépendances, dans les parcs et enclos (artt. 381 4° et 386 1°), *c)* dans les édifices consacrés aux cultes, assimilés aux maisons habitées par l'addition postérieure à l'art. 386 1°, *d)* les vols dans les chemins publics (art. 383).

En qualifiant ces vols la sûreté a surtout préoccupé le législateur. La dernière classe, les vols dans les chemins publics, est la seule qui trouve dans cette circonstance une véritable aggravation, indépendante de toute autre circonstance.

a) Les vols prévus par l'art. 388 du Code Pénal, différents par l'objet auquel ils s'appliquent, sont liés par un caractère commun, leur perpétration au milieu des campagnes. On entend par champs les terres labourables, les bois, les pâturages et autres propriétés de même nature, placées sous la garantie de la foi publique et qu'on ne peut surveiller soi-même. Le législateur français a souvent hésité quant à l'adoption de cette aggravation. La loi du 25 Frimaire an 8, art. 11, et la loi du 25 Juin 1824, art. 2, correctionnalisaient ces espèces de vols, s'ils n'étaient pas accompagnés d'autres circonstances aggravantes (art. 10 de la loi du 25 Juin 1824). Par la loi du 28 Avril 1832 le vol de chevaux, de bestiaux ou d'instruments d'agriculture, lorsqu'il n'est pas accompagné de circonstances aggravantes, demeura au nombre des délits.

Dans le droit romain le vol de bestiaux, commis soit dans les pâturages, soit dans les étables, faisait, sous le nom d'abigeat, l'objet d'une incrimination particulière, dont la gravité dépendait de la valeur et du nombre des animaux enlevés. Lieu et nombre qualifiaient cette espèce de vol. Cette incrimination aggravante se retrouve dans toute la force du terme dans le droit anglais, qui punissait même au commencement de ce siècle le vol d'un cheval ou d'un mouton de la peine de mort. L'ancien droit espagnol (Gomesius, decisionum C. 5, n°. 14) punissait de cette même peine le vol de cinq chevaux, boeufs ou mulets, l'ordonnance frisone le vol d'un cheval, celle d'Utrecht le vol d'un mouton ou d'un porc. Le législateur néerlandais en 1854 a laissé intact l'art. 388 dans sa rédaction primitive quant aux vols de chevaux et autres bestiaux, tout en correctionnalisant la peine ou en appliquant l'art. 401 du Code Pénal dans les autres cas (art. 16 de la loi du 29 Juin 1854).

Quant au vol de récoltes dans les champs, assimilé dans le Code Pénal français aux vols de bois dans les ventes, de pierres dans les carrières, de poissons en étang, vivier ou reservoir (art. 388 2° et 3°), lors de la révision en 1832 le législateur, en assimilant aux récoltes gisantes dans le champ les meules de grains faisant partie de récoltes, a qualifié dans un troisième paragraphe de l'art. 388 les récoltes ou autres productions utiles de la terre *déjà détachées du sol*, en n'infligeant toutefois qu'un emprisonnement de quinze jours à deux ans et une amende de seize francs à deux cent francs, et en ne faisant remonter la peine au taux du simple vol (art. 401), emprisonnement d'un an à cinq ans et l'amende de seize francs, que lorsque ce vol a été commis soit la nuit, soit par plusieurs personnes, soit à l'aide de voitures ou d'animaux de charge (art. 388 4°).

En dernier lieu le Code Pénal français punit de reclusion le vol dans les champs exécuté à l'aide de l'enlèvement ou de déplacement de bornes (art. 389).

b) La circonstance que le vol a été commis dans une *maison habitée ou servant à l'habitation* ne contient, d'après les dispositions du Code Pénal français qu'un principe, un élément d'aggravation qui modifie le délit, en constituant une circonstance aggravante lorsqu'elle se réunit à certains faits extérieurs.

Dans les artt. 381 4° et 386 1° les véritables circonstances aggravantes sont l'effraction extérieure, l'escalade, les fausses clés, la nuit et la complicité; la maison habitée n'est que le lieu où la gravité du crime se développe, tout en augmentant les risques et périls des habitants et en paralisant leurs moyens de défense.

On trouve la définition de maison habitée dans l'art. 390. Il importe peu qu'elle soit actuellement habitée ou non habitée, qu'elle soit construite en pierres, en briques, en bois ou en argile, qu'elle se trouve sur ou au-dessous de la surface de la terre, qu'elle soit stable ou mobile. Le chariot, le navire, servant à l'habitation, sont réputés maisons habitées. On retrouve ce même principe généralisateur dans le Code Pénal de l'Empire allemand § 243, 7°, qui assimile les navires habités aux autres bâtiments, tout en ne considérant la perpétration du vol dans une maison habitée que comme élément l'aggravation (§ 243, 2, 3 et 7, § 250, 4), ainsi que dans la définition de parc ou enclos (artt. 391 et 392 du Code Pénal français).

c) Le paragraphe 243, 1, du Code Pénal de l'empire allemand considère comme vol qualifié, puni de la peine de reclusion au maximum de dix ans, le vol d'objets destinés au culte commis dans un édifice consacré au culte. — Nous croyons qu'un vol dans une église doit être considéré comme un vol commis dans un lieu ou un édifice, tels que bibliothèque, musée, salle de spectacle, de concert ou de réunion, ouvert au public, dans un lieu placé sous la garantie de la foi publique, où une surveillance active et incessante ne peut être exigée. La perpétration d'un vol dans un tel lieu, que l'objet soit profane ou sacré, est circonstance aggravante, puisqu'il fait présumer une audace et une perversité peu communes de l'auteur du vol.

d) Les vols dans les *chemins publics.* Le Code Pénal français de 1810, art. 383, punissait tout vol commis dans les chemins publics de la peine des travaux forcés à perpétuité. La loi du 25 Juin 1824 réduisit la peine soit aux travaux forcés à temps soit à la reclusion, lorsque ces vols auront été commis sans menaces, sans armes apparentes ou cachées, sans violences et sans aucune des circonstances aggravantes prévues par l'art. 384 du Code Pénal. La loi du 28 Avril 1832 ne conserve la peine des travaux forcés à perpétuité que dans les cas où ce vol a été commis avec deux des circonstances prévues dans l'art. 381. Elle la réduit aux travaux forcés à temps, lorsqu'il a été commis avec une seule de ces circonstances, à la reclusion dans tous les autres cas. La loi néerlandaise du 29 Juin 1854, art. 14, punit le vol dans les chemins publics sans violences ou menaces d'une peine correctionnelle de deux à cinq ans, en conservant la peine de reclusion de cinq à vingt ans pour les autres cas.

Le nouveau Code Pénal allemand trouve dans le lieu public une véritable circonstance aggravante indépendante de toute autre circonstance en cas de Raub ou de vol avec violence, par contrainte ou par menace (§ 250, 3°). Le minimum de la peine est la reclusion pendant cinq ans. En cas de vol simple (Diebstahl) le lieu public n'est qu'un élément d'aggravation qui constitue une circonstance aggravante, lorsqu'on a volé des effets de voyage ou d'autres objets de transport en coupant ou détachant les enveloppes ou tous autres moyens préservatifs ou en se servant de fausses clefs ou de tous autres ustensiles pour bris de clôtures (§ 243, 4). Le Code Pénal allemand assimile au chemin public une rue, une place publique, une communication par eau (Wasserstrasse, Gewässer, welche ein Fahrwasser haben, § 321 du Code Pénal allemand) un chemin de fer, un bâtiment de poste avec ses enclos, une gare de chemin de fer (§ 243, 4) et en cas de Raub la pleine mer (§ 250, 2). (1)

Le Code Pénal français donne une définition de l'effraction (artt. 393-396), de l'escalade (art. 397), des fausses clefs (art. 398). Il a abandonné la signification de chemins publics à l'interprétation. Des chemins publics sont tous ceux qui sont destinés à un usage public, soit qu'ils soient

---

(1) Voyez MEVES, das Allg. deutsche Strafgesetzbuch u. die Schifffahrt, dans le Journal de droit pénal allemand (Allg. deutsche Strafrechtszeitung, Jahrg. XIII, Heft IX u. X, S. 420 ff.) Les interprètes allemands ne sont pas d'accord sur la signification des mots *effene See*, qui indiquent l'intention du législateur de qualifier la piraterie (Seeraub).

entretenus par l'Etat, par les départements ou provinces, par les communes ou par une association de particuliers, tels qu'en partie les chemins de fer. Les routes et rues dans les villes, bourgs, faubourgs et villages, bordées de maisons n'ont pas été considérés comme chemins publics. En infligeant des peines sévères le législateur a surtout voulu protéger la sûreté des voyageurs dans les chemins qui les éloignent des lieux habités et des secours qui pourraient les défendre contre les entreprises des malfaiteurs.

L'art. 21 du Code Pénal de 1791 de la république française punissait tout vol commis dans les coches, messageries et autres voitures publiques par les personnes qui y occupent une place, de quatre années de détention. La loi du 25 Frimaire an 8, art. 8, considérait ces vols comme simples délits en les punissant d'un emprisonnement d'un an. Ces vols ne sont guère mentionnés dans le Code Pénal français de 1810. Les nouveaux moyens de transport, tels que par bateaux à vapeur et par chemin de fer, où par la grande affluence des voyageurs il est souvent très-difficile d'implorer l'assistance d'un capitaine de navire ou d'un conducteur, rendent ces espèces de vol très-redoutables. Nous croyons donc que le législateur allemand a eu raison d'assimiler ces vols aux vols commis dans un chemin public. En se faisant transporter par un navire, en prenant place dans une voiture ou dans un waggon, on se voue avec ses hardes et bagages à la confiance publique.

Vous aurez à répondre aux questions suivantes:

Votre législation qualifie-t-elle le vol à raison du lieu de la perpétration?
En cas d'affirmation: *quels sont ces lieux:*

a) Qualifiant le vol, indépendant de toute autre circonstance aggravante?

b) Comme simple élément d'aggravation, lorsque cet élément, se réunit à certains faits extérieurs ou à d'autres circonstances aggravantes?

Quels sont ces faits, quelles sont ces circonstances, tout en indiquant les aggravations que les peines subissent dans chaque cas?

5°. A raison des circonstances de leur exécution les vols sont qualifiés.

a) par la coopération au vol.

b) par les moyens, les instruments ou ustensiles dangereux, dont on se sert pour faciliter son exécution.

a) Dans le vol commis par deux ou plusieurs personnes la réunion ne suppose non-seulement une préméditation, mais un complot; elle facilite l'exécution et multiplie le péril en multipliant les moyens d'action; elle entraîne la présomption que les auteurs du vol sont disposés à employer le cas échéant la violence.

Dans le Code Pénal français la réunion de deux ou plusieurs personnes n'est pas aggravante ou n'agit pas sur la pénalité lorsqu'elle est isolée de toute autre circonstance. Le vol simple commis par une, deux ou plusieurs personnes ne change pas de caractère. D'après le nouveau Code allemand cette réunion qualifie le vol et la rapine, lorsque ces personnes se sont associées pour commettre des vols ou pour le brigandage (§ 243, 6, § 250, 2).

D'après les dispositions du Code Pénal français le vol commis par deux ou plusieurs personnes entraîne la réclusion s'il a été commis la nuit ou dans une maison habitée ou dans un édifice consacré au culte (art. 386, 1°); il entraîne les travaux forcés à temps lorsque en outre le vol a été commis soit la nuit et avec port d'armes (art. 385), soit dans un chemin public (art. 383), soit à l'aide de violence et de plus avec l'une des circonstances de nuit, de port d'armes, d'effraction, d'escalade ou dans une maison habitée (art. 382); il est passible de la peine des travaux forcés à perpétuité: 1°, s'il est commis avec les quatre circonstances prévues par l'art. 381; 2°, s'il est commis dans un chemin public et de plus avec l'un de ces circonstances (art. 383).

Les législateurs français et allemands en se servant de l'expression *commis* et *mitwissen* exigent la coopération effective de deux ou plusieurs personnes à *l'exécution* du délit. Les complices, tout en participant au vol, préparent et facilitent le vol mais ne le commettent ou ne l'exécutent pas. Il en est de même des recéleurs qui ne font qu'entraver la recherche des objets volés. Dans le Code Pénal allemand la complicité ne constitue une circonstance aggravante que lorsque le voleur, le brigand ou l'un de ses complices est porteur d'armes (§ 243, 6, § 250, 1).

La loi néerlandaise du 29 Juin 1854 a correctionnalisé la peine, emprisonnement de deux à cinq ans, lorsque le vol a été commis de nuit par deux ou plusieurs personnes dans un lieu qui n'est pas considéré comme ou assimilé à une maison habitée.

En consultant les documents statistiques on s'aperçoit que la coopération de plusieurs personnes pour la consommation d'un crime est fréquente en cas de vols qualifiées, surtout de ces vols qui se commettent de nuit et dans des maisons habitées, ainsi que de ceux qui sont exécutés par des jeunes délinquants.

On demande:

La coopération de deux ou plusieurs personnes au vol est-elle un élément d'aggravation ou bien une circonstance aggravante?

Qu'entend-on par réunion de personnes ou coopération au vol? Une coopération effective quant à l'exécution, une complicité ou un recel?

De quelles circonstances aggravantes le vol commis par deux ou plusieurs personnes doit-il être accompagné pour motiver une aggravation de la peine?

Quelles sont dans chaque cas les aggravations de la peine?

b) Les moyens et les expédients, dont se sert le voleur pour consommer son vol, peuvent exciter la frayeur et la peur chez les personnes qui en sont victimes et exercer une influence funeste tant sur leur santé que sur leur vie. L'emploi de ces moyens fait présumer l'audace, l'emploi d'instruments et le port d'armes font craindre des violences et sont une menace à la vie des personnes.

L'effraction, à laquelle l'art. 253 du Code Pénal français assimile le bris de scellés, consiste dans le forcement, la rupture, la dégradation, la démolition, l'enlèvement d'un objet destiné à former ou empêcher le passage. Cette effraction ne constitue le délit que lorsqu'elle est un moyen de commettre le vol. Dans ce cas l'effraction est considérée comme une circonstance accessoire du vol.

Le Code Pénal français distingue entre les effractions extérieures et intérieures (art. 394). Les premières, auxquelles le Code attache la plus grande importance et qui figurent parmi les circonstances aggravantes dans les artt. 381, 382 et 384, sont celles à l'aide desquelles on peut s'introduire dans les maisons, cours, basses-cours, enclos ou dépendances ou dans les appartements ou logements particuliers (art. 395). Les effractions intérieures, après l'introduction dans les lieux sus-mentionnés, sont faites aux portes ou clôtures du dedans, ainsi qu'aux armoires et autres meubles fermés. L'enlèvement de ces objets suffit, bien que l'effraction n'ait pas été faite sur le lieu (art. 396). Ce n'est que dans le cas prévu par l'art. 384 que l'effraction intérieure concourt à l'aggravation de la peine. Le droit romain distinguait le vol commis par effraction pendant le jour de celui commis pendant la nuit et punissait ce vol des plus fortes peines, lorsqu'il était commis avec la coopération de plusieurs personnes et avec port d'armes.

Le Code Pénal français ne prévoit que les cas où l'effraction est la seule circonstance comitante du vol (art. 384), ainsi que ceux où deux ou quatre circonstances aggravantes accompagnent l'effraction, artt. 381, 382.

On ne trouve dans ce Code aucune disposition dans les cas, où une seule circonstance, soit la nuit, soit le port d'armes, soit la coopération de deux ou plusieurs personnes aggravent le vol commis par effraction.

Tant l'escalade ou l'entrée exécutée par dessus les murs, portes, toiture ou tout autre clôture que l'entrée par dessous ou par une ouverture souterraine, autre que celle qui a été établie pour servir d'entrée, aggravent le vol dans les mêmes cas que l'effraction et que l'usage de fausses clefs (artt. 397, 381, 4°, 382, 384 du Code Pénal français). Le législateur néerlandais (art. 14, 4°, de la loi du 29 Juin 1854) a correctionnalisé la peine (emprisonnement de deux à cinq ans) dans le cas prévu par l'art. 384 du Code Pénal, lorsque l'effraction, l'escalade et l'usage des fausses clefs ont eu lieu dans des édifices, parcs ou enclos non servant à l'habitation et non dépendants de maisons habitées.

Le Code Pénal français, art. 398, donne une définition de fausses clefs ou plutôt une énumération de toutes sortes d'instruments de contrefaction et non destinés au but auquel le coupable les emploie. Dans le même sens le Code Pénal allemand, § 243, parle de fausses clefs et autres instruments non destinés à l'ouverture ordinaire (ordnungsmässige Eröffnung).

Comme l'effraction l'usage des fausses clefs est extérieur et intérieur, il s'applique tant à l'ouverture des portes extérieures ou intérieures qu'à l'ouverture des meubles ou de tout objet clos (artt. 381, 4°., 398). L'emploi des fausses clefs n'est incriminé et n'est circonstance aggravante que comme acte d'exécution du vol. Séparée du vol cette circonstance n'est passible d'aucune peine. Toutefois le législateur français punit la contrefaction et l'altération des clefs d'un emprisonnement de trois mois à deux ans et d'une amende de vingt-cinq à cent cinquante francs, et même de la reclusion si le coupable est un serrurier de profession (art. 399). — Anciennement les serruriers, qui par abus de profession avaient commis un vol à l'aide de fausses clefs ou s'en étaient rendus complices, étaient punis d'une peine plus forte que les autres coupables.

Le port d'armes est une circonstance aggravante du vol, indépendamment du concours de toute autre circonstance, tant dans le Code Pénal français (art. 380, 2°) que dans le Code Pénal allemand (§ 243, 5). Cette circonstance révèle dans l'agent l'intention de commettre un acte de violence ou d'employer la force au besoin; elle facilite l'exécution du vol par la crainte que le voleur peut inspirer. Dans le Code Pénal allemand le port d'armes est circonstance aggravante tant du vol simple que du vol avec violence et menaces (Raub, § 243, 5, § 250, 1). Dans le Code Pénal français, lorsque le port d'armes se réunit à d'autres circonstances aggravantes, il concourt en outre à l'élévation du taux de la peine. Les vols commis de nuit et par deux ou plusieurs personnes (art. 385), les vols commis dans les chemins publics (art. 383 j°. art. 381, 3°) et ceux commis avec violences (art. 382 j°. art. 381, 3°) puisent une aggravation nouvelle dans la circonstance concomitante du port d'armes. Ce fait forme l'une des cinq circonstances aggravantes, dont le concours motivait jadis l'application de la peine de mort tant en France qu'en Belgique et dans les Pays-Bas. Concours punit en France par la loi du 28 Avril 1832 des travaux forcés à perpétuité, dans les Pays-Bas, depuis l'abolition de la peine de mort par la loi du 17 Septembre 1870, de la peine de reclusion de cinq à vingt-cinq ans (art. 8, al. 3).

La circonstance qui aggrave le plus le vol est la violence, parce qu'alors le crime devient un attentat tant contre les personnes que contre les propriétés. Le seul emploi de la violence, indépendamment de toute autre circonstance, a dans le Code Pénal français, non-seulement fait élever le vol simple au rang des crimes, mais encore l'a rendu passible, en franchissant deux degrés de l'échelle des crimes, de la peine des travaux forcés à temps (art. 385). Le crime commis avec violence ou menace de faire usage des armes est une des cinq circonstances aggravantes de l'art. 381.

D'après la loi du 28 Avril 1832 le vol commis à l'aide de violence, lorsqu'elle n'a pas laissé des traces de blessures ou de contusions, accompagné (art. 382) ou non (art. 385) de deux circonstances aggravantes (art. 381, 1°, 2°, 8°, 4°), est puni de la peine des travaux forcés à temps; tandis que lorsque la violence, à l'aide de laquelle le vol a été commis, a laissé des traces de blessures ou de contusions, cette circonstance seule suffit pour que la peine des travaux forcés à perpétuité soit prononcée (art. 382, al. 2).

Le législateur néerlandais, sauf le cas mentionné des cinq circonstances aggravantes, n'a pris aucune disposition spéciale en cette matière. Les articles du Code Pénal français sont restés en vigueur, sauf la substitution générale des travaux forcés à perpétuité par une reclusion de cinq à vingt, des travaux forcés à temps par une reclusion de cinq à quinze ans.

Le Code Pénal allemand § 249 punit le vol avec violence ou en se servant de menaces qui mettent le corps et la vie en danger éminent, sous la désignation de *Raub*, de la peine de reclusion, dont la durée est en cas de circonstances aggravantes au minimum de cinq ans. Ce Code admet toutefois des circonstances atténuantes qui peuvent faire descendre la peine à un emprisonnement de six mois.

La législation autrichienne qualifie comme crime commis par violence publique le vol commis avec violence en envahissant la propriété immobilière d'autrui (gewaltsamer Einfall in fremdes unbewegliches Gut).

D'après les dispositions du Code Pénal français *l'extorsion* n'est qu'un vol commis à l'aide de la force, de la violence et de la contrainte, puni des travaux forcés à temps. Le but de l'extorsion est d'enlever un écrit, un acte, un titre, une pièce quelconque contenant obligation, disposition ou décharge (art. 400). Le vol avec violence se commet sur des objets ou des choses d'une valeur intrinsèque et déterminée, l'extorsion sur des titres ou écrits représentant une valeur quelconque. Dans l'extorsion le législateur n'a pas voulu incriminer et punir la seule intention de nuire, le titre extorqué doit porter un véritable préjudice.

Le législateur allemand a suivi les traces du législateur français en assimilant l'extorsion (Erpressung) au Raub dans tous les cas où il y a danger imminent pour le corps et la vie § 255 et en la caractérisant comme un crime, dont le but est l'appropriation pour soi-même ou pour un tiers d'une fortune ou d'un gain illégal (rechtswiedriger Vermögensvortheil § 253). La peine peut monter à cinq années de reclusion, si l'extorsion est accompagnée de menaces de mort, d'incendie ou d'inondation § 254, elle descend à un mois d'emprisonnement lorsqu'il ne s'agit que de simples violences ou menaces § 253. L'ancien Code Pénal du royaume de Saxe distinguait entre *rauberische Erpressung* comme crime attentatoire à la liberté individuelle et *Erpressung* comme simple crime contre la propriété § § 178 et 232.

La qualité de fonctionnaire ou d'officier public est, d'après la disposition de l'art. 198 du Code Pénal français, pour ceux d'entre eux qui auront participé aux crimes ou aux délits qu'ils étaient chargés de surveiller ou de réprimer, une circonstance aggravante, qui, s'il s'agit d'un délit de police correctionnelle, porte la peine au maximum, si d'un crime emportant peine afflictive élève la peine d'un degré. Le fonctionnaire abusant de son autorité pour faciliter l'exécution du vol devient donc passible des dispositions de l'art. 198.

Le Code Pénal allemand § 349 punit tout fonctionnaire qui tâche à s enrichir ou à enrichir un autre d'une manière illégale au détriment d'autrui d'une peine de reclusion jusqu'à dix ans et d'une amende de cinquante à mille Thaler.

Dans le Code Pénal français l'usurpation de titre, d'ordre ou de costume d'un fonctionnaire public ou d'un officier civil est une circonstance aggravante du vol, lorsque cette usurpation a été employée comme moyen d'introduction dans une maison habitée ou dans ses dépendances. Elle figure parmi les cinq circonstances aggravantes (art. 381, 4°); elle est une des circonstances aggravantes du vol commis à l'aide de violence (art. 382) et une circonstance aggravante du vol simple (art. 384). La loi punit dans tous ces cas le moyen frauduleux par lequel on s'introduit dans une maison pour consommer le vol ou par lequel on accomplit son but.

On demande:

Quels moyens, quels expédients employés par le voleur pour exécuter le vol sont considérés par votre législation comme:

a) élément d'aggravation du vol?

b) circonstances aggravantes du vol?

Votre législation donne-t-elle une définition de ces moyens, tels que effraction, escalade, fausses clefs, port d'armes etc.?

En cas d'affirmation: *Indiquer ces définitions.*

Votre législation quant à l'effraction et l'emploi d'instruments illégaux et dangereux fait-elle une distinction entre l'emploi de ces moyens en dehors et en dedans une maison ou habitation?

Le port d'armes et la violence sont-ils des circonstances qui aggravent le vol indépendamment du ou qui l'aggravent avec le concours d'autres circonstances?

Le fonctionnaire ou l'officier public, lorsqu'il commet un vol, est-il puni de peines plus graves? Quel est dans ce cas l'échelle d'aggravation?

L'usurpation de titre, d'ordre ou de costume de fonctionnaire ou d'officier public est-elle une circonstance aggravante du vol?

Quelles sont les règles observées par votre législation, quelle est la graduation des peines en cas de réunion de deux ou de plusieurs circonstances aggravantes?

Quant à la dernière question on sait que dans les diverses hypothèses du Code Pénal français que nous avons examinées, le vol ne change de caractère et ne prend la qualification de crime que lorsqu'il est accompagné de deux circonstances aggravantes; dans trois cas distincts le concours de trois circonstances élève la peine aux travaux forcés à temps et dans un de ces cas aux travaux forcés à perpétuité. Le législateur français, en négligeant la présence d'une quatrième circonstance, n'a pas porté sa prévoyance au delà de la réunion de cinq circonstances aggravantes, en punissant dans ce cas le vol de la peine des travaux forcés à perpétuité.

Dans le Code Pénal allemand la réunion de plusieurs circonstances aggravantes ne modifie pas les peines tant pour le vol et l'abus de confiance que pour le brigandage et l'extorsion.

Il existe en outre des autres circonstances aggravantes, non mentionnées dans les Codes français et allemand, mais spécifiées dans le Code autrichien, tels que la concurrence de plusieurs crimes (1), l'instigation d'autres personnes à un crime, la mystification du juge d'instruction par l'accusé par le récit de faits controuvés.

Le Code Pénal français punit, sauf quelques exceptions, les complices d'un crime ou d'un délit de la même peine que les auteurs de ce crime ou de ce délit (art. 59) et considère les recéleurs comme complices du crime ou délit (art. 62). Les complices et les recéleurs du vol sont punis comme les auteurs. Le Code admet toutefois une exception pour les recéleurs. La peine de mort, des travaux forcés à perpétuité ou de la déportation, lorsqu'il y aura lieu, ne leur sera appliquée qu'autant qu'ils seront convaincus d'avoir eu au temps du recélé, connaissance des circonstances auxquelles la loi attache les peines de ces trois genres; sinon, ils ne subiront que la peine des travaux forcés à temps. La loi du 28 Avril 1832 remplace, en tout cas, à l'égard des recéleurs la peine de mort par les travaux forcés à perpétuité et punit comme complices de la même peine que les auteurs ceux qui auront, avec connaissance, aidé ou assisté l'auteur ou les auteurs de l'action dans les faits qui l'auront préparée ou facilitée ou dans ceux qui l'auront consommée (art. 60).

La tentative de crime qui aura été manifestée par des actes extérieurs et suivie d'un commencement d'exécution, si elle n'a été suspendue ou n'a manqué son effet que par des circonstances fortuites ou indépendantes de la volonté de l'auteur, est considérée comme le crime même (art. 2). Les tentatives de délits ne sont considérées comme délits que dans les cas déterminés par une disposition spéciale de la loi. — La loi néerlandaise du 20 Juin 1854, art. 10, fait descendre la peine d'un degré en cas de tentative de crime en remplaçant la réclusion et le bannissement par un emprisonnement de un à cinq ans, la déportation (peine fictive à défaut de lieu de déportation) par la réclusion de cinq à quinze ans. La tentative de crimes, punis correctionnellement par cette loi et qui ont acquis le caractère de délits, est punie comme le délit même. La durée de l'emprisonnement pour délits punis par cette loi et par le Code Pénal est diminuée d'un tiers en cas de tentative (art. 17). Cette loi conserve les principes du Code Pénal quant aux complices et aux recéleurs.

Le Code Pénal allemand, qui punit le vol simple de la peine d'emprisonnement sans en fixer la durée, déclare la tentative punissable § 242; il voue un chapitre particulier à ceux qui ont favorisé le vol consommé

---

(1) Le Code Pénal bavarois de 1861, art. 275, mentionne séparément comme circonstance aggravante, et comme changeant la nature des infractions en criminalisant les délits: Verbrechen des Diebstahls mit Zusammenfluss von zwei oder mehr nach Art. 274 strafbaren Diebstäh'en (Dr Georg Mayer, Ergebnisse der Strafrechtspflege im Königreiche Bayern 186⅔₆₅. S. VI u. VII. München 1868.)

et recélés les objets volés. Ceux qui ont favorisé le vol avant son exécution sont considérés comme complices, § 257, alin. 3.

La complicité § 49 et la tentative d'un délit § 43 ne sont punis que dans les cas déterminés par la loi; en tous cas leur peine est moindre que celle de l'auteur du délit ou du crime. Lorsqu'il s'agit d'un crime le § 44 a adopté les dispositions suivantes: Si le crime consommé est puni de mort ou de reclusion perpétuelle, la peine est réduite à la reclusion de trois ans au moins, s'il est puni de détention perpétuelle dans une forteresse, elle est réduite à cette détention pour la durée de trois ans au minimum. Dans les autres cas la peine tant de l'emprisonnement que de l'amende peut être réduite au quart du minimum de la peine qu'encourt l'auteur du crime ou du délit consommé. Lorsque la peine du crime consommé est la reclusion de moins d'un an, on suit pour la réduction l'équation prescrite par le § 21: huit mois dans une maison de reclusion équivalent à un an en prison ordinaire, huit mois dans cette prison à un an de détention dans une forteresse.

Quiconque a favorisé le vol consommé pour soustraire à la peine l'auteur ou ses complices ou pour leur assurer les profits de leur crime ou délit est puni d'une amende au maximum de deux cent Thaler ou d'un emprisonnement jusqu'à un an; s'il prête cette assistance dans son propre intérêt il est puni en tout cas d'emprisonnement. Cette assistance n'est pas punissable si elle est prêtée par un proche parent pour soustraire à la peine l'auteur ou ses complices § 257.

Quiconque dans son propre intérêt favorise le vol est puni comme recéleur, si la personne favorisée a commis: Un vol simple ou un abus de confiance d'un emprisonnement de trois mois au minimum § 258. Le § 259 punit comme recéleur de la peine d'emprisonnement celui qui à son profit recèle, achete, prend en gage, s'approprie ou favorise la vente ou le débit d'objets, dont il sait ou doit présumer par les circonstances qu'ils sont obtenus à l'aide d'un crime. Le recéleur de profession ou d'habitude est puni de la peine de reclusion jusqu'à dix ans § 260.

Le Code Pénal du royaume de Saxe du 11 Août 1855, artt. 292 et 293 punissait de peines particulières tous participants au gain et recéleurs par profession du provenu de crimes contre la propriété, en qualifiant ces crimes de *Partirerei* et *gewerbmässige Hehlerei*. Le premier était puni de la moitié de la peine du vol simple, à raison de la valeur de l'objet et déduction faite du prix payé. On le commettait en acquérant par donation, achat ou autrement des objets que l'on sait que l'auteur s'est procuré par un des moyens énoncés dans le Ch. XII (crimes contre la propriété) du Code Pénal ou dans les artt. 177 et 178 (vol avec violence et par extorsion). Le second était puni de maison de travail ou de reclusion jusqu'à six ans. Il donnait la qualification de recéleurs à toutes personnes qui donnent asile à des voleurs, bandits ou filous et prennent en dépôt les objets provenant d'un crime ou font métier de leur achat ou vente. Les peines des crimes susdits, sauf le vol qualifié (artt. 278 et 280), étaient remises entièrement ou mitigées, si le coupable avait rendu le provenu du crime ou indemnisé le propriétaire en tout ou en partie avant la découverte présumée du crime (artt. 296—298).

On aura à répondre aux questions suivantes:

Votre législation punit-elle la tentative, la complicité, le recel de la même peine que le délit consommé ou a-t-elle des peines particulières pour chacune de ces participations au crime ou au délit?

Existe-t-il dans votre législation une distinction entre auteurs immédiats et auteurs secondaires du crime ou du délit?

En cas de réponse affirmative: *qu'entend-on par auteurs immédiats et par auteurs secondaires?*

Suit-on dans la spécification des peines pour chacune de ces participations une règle générale applicable à tous les crimes et à tous les délits ou existe-t-il des dispositions spéciales pour le vol et les infractions analogues, telle que l'abus de confiance?

En cas de réponse affirmative: *quelles sont ces dispositions et quelles sont les graduations de la peine par rapport à celle que subit l'auteur du crime ou du délit consommé?*

Le receleur, qui du recel d'objets volés fait son métier, est-il puni de peines plus fortes?

On distingue trois sortes de participations au crime: *avant, pendant* et *après* l'exécution. On participe à un crime avant l'exécution par l'ordre ou le commandement de le commettre. Ce commandement suppose l'autorité qui enjoint à l'obéissance et doit être considéré comme la cause prochaine du crime, dont l'exécuteur n'est que l'instrument. On y participe par mandat, qui consiste à donner des instructions pour commettre le crime en faisant des dons ou des promesses pour déterminer l'agent. Le mandant n'a aucune autorité sur le mandataire. Ce sont deux agents parfaitement libres qui stipulent spontanément une convention criminelle. Le mandat est une provocation directe au crime. L'ordonnateur du crime abuse de son autorité, le mandant se sert de moyens corrupteurs pour frayer la voie au crime. Tous deux sont la cause du crime et doivent être rangés parmi les auteurs.

On demande·

Quels sont dans ces cas les principes adoptés par votre législation?

A cet égard nous faisons observer que si la proposition n'a pas été agréée, il n'existe qu'un acte préparatoire qui n'est pas de nature à faire l'objet d'une disposition pénale. Si la proposition a été agréée et que l'auteur de la proposition la révoque avant l'exécution, le mandataire, s'il a eu à temps connaissance de la révocation, est réputé l'unique auteur du crime, s'il ne l'a pas connue ou pu connaître le mandant demeure responsable du crime exécuté, dont il a été la cause volontaire. Le mandant n'est du reste responsable que des suites probables de son mandat. Sa responsabilité cesse lorsque le mandataire a excédé les bornes du mandat ou commis un nouveau crime.

Les participants au crime pendant l'exécution sont les coauteurs du crime ou ceux qui ont opéré à l'exécution par un fait immédiat et direct.

Votre législation a-t-elle adopté ces principes?

La participation au crime après l'exécution consiste dans les secours ou l'asile donnés aux coupables, dans le recel des instruments ou des objets volés, dans le partage de ces objets, dans le recel du cadavre de la victime, dans l'approbation ou la ratification donnée à l'action.

Votre législation punit-elle de la même peine ceux qui donnent asile aux voleurs et ceux qui sciemment recèlent ou partagent les objets volés?

Le Code pénal français, art. 401, punit tous vols non spécifiés, les larcins et filouteries, ainsi que les tentatives de ces mêmes délits d'un emprisonnement d'un an au moins et de cinq ans au plus. La disposition générale de l'art. 463, autorisant les tribunaux à réduire l'emprisonnement au-dessous de six jours et l'amende même au-dessous de seize francs si le préjudice causé n'excède pas vingt-cinq francs et si les circonstances paraissent atténuantes, est applicable à cet article.

Le quatrième livre du Code Pénal sur les contraventions de police contient en outre dans l'art. 471, 9° et 10°, quelques dispositions spéciales sur la cueillette de fruits et le maraudage, punissant d'une amende depuis un franc jusqu'à cinq francs inclusivement ceux qui, sans autre circonstance prévue par les lois, auront cueilli ou mangé sur le lieu même des fruits appartenant à autrui, ainsi que ceux qui sans autre circonstance, auront glané, râtelé ou grappillé dans les champs non entièrement dépouillés et vides de leurs récoltes, ou avant le moment du lever ou après celui du coucher du soleil.

L'ancien Code Pénal du royaume de Saxe du 11 Août 1855 punissait les larcins d'aliments d'un emprisonnement de deux mois, la loi saxonne du 11 Août 1855 les vols forestiers, ceux dans les champs, jardins, de gibier et de poisson d'un emprisonnement de deux jours à quatre mois suivant la nature ou la gravité du délit et d'une amende au maximum de 150 Thaler; sauf les cas de récidive et de concurrence de plusieurs délits. Tous ces délits, toutes ces contraventions étaient de la compétence du juge unique.

Les lois néerlandaises du 29 Juin 1854, artt. 18 et 1 (Bulletin officiel nᵒˢ. 102 et 103), dont la dernière étend la compétence du juge de canton quant à la peine d'emprisonnement jusqu'à un mois, quant à l'amende jusqu'à 75 florins, ont rendu de la compétence de ce juge, parmi les vols non spécifiés dans l'art. 401 Code Pénal, ceux de fumiers, plantes de bruyère et fourragères, fruits, bois, mousses, feuilles tombées etc., si ces vols n'ont pas été commis à l'aide de navires, de bêtes de somme et en réunion de plus de quatre personnes.

Le nouveau Code Pénal allemand énumère dans le § 370, numéros 2, 4 et 5, du ch. 29 sur les contraventions (Uebertretungen) plusieurs larcins et objets de maraudage punis d'une amende au maximum de cinquante Thaler et d'un emprisonnement, dont la durée est laissée à l'appréciation du juge et dont la poursuite dans les cas prévus dans les alinéas 4, 5, 6 n'a lieu que sur dénonciation.

Les larcins, les filouteries, le maraudage sont des vols spécifiés par leur mode d'exécution. Les premiers s'exécutent par adresse, les secondes par surprise, en cachette ou furtivement, le dernier par industrie.

On aura donc à répondre aux questions suivantes:

Qu'entend-on par vol simple dans votre législation? Quelles en sont les limites quant à la peine?

Les larcins, les filouteries et le maraudage sont-ils considérés comme vols simples ou comme infractions particulières à la loi?

Sont-ils considérés comme délits ou comme contraventions de police?

Dans quels cas la poursuite de ces infractions a-t-elle lieu d'office? Dans quels cas sur dénonciation de la partie lésée?

Nous avons pris en considération tant le vol qualifié que le vol simple; il nous reste encore de nous occuper des excuses et des circonstances atténuantes.

Le Code Pénal français, art. 65, pose comme règle générale que nul crime ou délit ne peut être excusé ni la peine mitigée que dans les cas et dans les circonstances, où la loi déclare le fait excusable ou permet de lui appliquer une peine moins rigoureuse.

La criminalité se modifie: 1° par la personnalité ou la position personnelle des auteurs d'une action punissable; 2° par la nature du fait ou de l'action.

1° *La personnalité.* La première excuse légale est celle qui résulte de l'âge des prévenus. Elle est adoptée par toutes les législations pénales et s'étend à tous les faits criminels. Les législateurs ne sont guère tombés d'accord sur les degrés progressifs que parcourt l'intelligence de la jeunesse et sur l'âge auquel la loi doit faire peser sur l'homme l'intelligence de ses actes. Le degré d'intelligence requise pour comprendre l'immoralité d'une action se modifie souvent avec la nature du crime. L'immoralité d'un crime atroce, d'un meurtre frappera une intelligence faible, qui agit sans discernement en commettant un vol simple ou un larcin. Plusieurs législations ont essayé de marquer les degrés progressifs que parcourt l'intelligence de l'homme, d'autres n'ont posé qu'une limite extrême pour l'acquittement, lorsqu'il est décidé que le jeune délinquant a agi sans discernement, tout en mitigeant les peines jusqu'à un certain âge.

Le premier système est celui du droit romain, qui protégeait de plein droit l'enfance jusqu'à sept ans de toute poursuite, *ob innocentiam consilii*, règle suivie par la législation anglaise. Jusqu'à l'âge de dix ans et demi le garçon, jusqu'à celui de neuf et demi la fille étaient considérés comme proche de la première enfance (proximus infantiae) et incapable d'une pensée criminelle (non doli capax).

La même présomption accompagnait le jeune délinquant jusqu'à l'âge de puberté, douze ou quatorze ans suivant le sexe, en admettant la preuve contraire (malitia supplet aetatem) et en mitigeant la peine même pour les mineurs ou pour l'âge de dix-huit à vingt-trois ans, sauf pour les cas de crimes atroces. La législation anglaise, en se servant de l'expression *prima facie incapax*, assimilait l'âge de 7 à 14 ans à l'enfance, en appliquant la maxime romaine *malitia supplet aetatem*, dans lequel cas les peines étaient toutefois moins rigoureuses. De 14 à 21 ans le droit anglais rend le mineur passible des mêmes peines que le majeur, en n'admettant d'exception que pour les contraventions qui consistent dans des omissions de faire (consisting of mere non feazance), par l'unique motif que le mineur de 21 ans ne pouvait satisfaire à l'amende puisqu'il n'a pas la disposition de ses biens.

L'âge d'irresponsabilité de l'enfant s'étend à huit ans dans l'ancien Code bavarois, dix ans dans le Code autrichien, l'ancien Code du Wurtemberg et dans celui de Louisiane, à douze dans les anciens Codes Saxons et Badois et dans le nouveau Code de l'empire allemand § 155, à quatorze ans dans le Code criminel du Brésil, où toutefois les jeunes délinquants de moins de quatorze ans peuvent être renfermés jusqu'à leur dix-septième année dans des maisons de correction, s'il est prouvé qu'ils ont agi avec discernement.

En Autriche les délits commis par des enfants de onze à quatorze ans sont considérés et punis comme des infractions de police. Les enfants de plus de quatorze ans encourent les mêmes peines que les hommes faits. La jeunesse jusqu'à l'âge de vingt ans n'est qu'une circonstance atténuante. Ce même principe, sauf quelques modifications quant à la limite de l'âge, est adopté par les législations que nous venons de citer.

Le législateur français a suivi le second système. L'accusé de moins de seize ans, ayant agi sans discernement, est acquitté et selon les circonstances remis à ses parents ou conduit dans une maison de correction pour y être élevé et détenu pendant le nombre d'années que le jugement déterminera. La durée ne pourra excéder l'époque où il aura accompli sa vingtième année (art. 66).

Si l'accusé a agi avec discernement les peines infamantes sont remplacées par un emprisonnement dans une maison de correction, de dix à vingt ans, en cas de peine de mort, des travaux forcés à perpétuité et de la déportation. Dans les autres cas l'emprisonnement sera pour un temps égal au tiers au moins et à la moitié au plus de celui, auquel il aurait pu être condamné (art. 67).

Le Code Pénal allemand a adopté le même principe pour les jeunes délinquants de plus de douze ans en prenant pour limite l'âge accompli de dix-huit ans. Le jeune délinquant en tous cas ne subit que la simple peine d'emprisonnement sans aucune perte de droits civiques et sans surveillance de la haute police (§§ 56 et 57).

D'autres législations n'appliquent les peines les plus graves, telle que

la peine de mort, que lorsque les délinquants ont passé un certain âge,
p. ex. la vingtième ou vingt et unième année.

On demande:

*Votre législation déclare-t-elle les enfants irresponsables de tout crime
ou de tout délit jusqu'à un certain âge et quel est cet âge?*

*A-t-elle adopté pour les délinquants au dessous d'un certain âge la
distinction entre ayant agi avec et sans discernement?*

Quelles sont les limites de cet âge?

Quelles sont les dispositions dans chacun des deux cas?

*Admet-on un âge plus avancé pour l'application des peines les plus
graves, telle que la peine de mort, que pour celle des peines légères? Quelles
sont ces peines graves et passé quel âge peuvent-elles être appliquées?*

A l'immunité de l'enfance correspond le privilège de la vieillesse.
D'après les dispositions des artt. 70 à 73 du Code Pénal français, l'individu
âgé de soixante-dix ans accomplis au moment du jugement ne peut être
condamné aux travaux forcés ou à la déportation; ces peines à leur égard
sont remplacées par la réclusion de la même durée; le condamné aux
travaux forcés en sera relevé et renfermé dans une maison de force ou de
réclusion pour tout le temps à expirer de sa peine, dès qu'il aura atteint
l'âge de soixante-dix ans accomplis. Dans ce cas il ne s'agit ni d'une cause
d'excuse ni d'une circonstance atténuante. La loi n'a adouci les peines
infligées aux vieillards qu'à cause de l'excessive gravité qu'auraient des
peines, exigeant des forces musculaires, dans leur application à un âge avancé.

On demande:

*L'âge avancé du criminel au moment du jugement ou après condam-
nation exerce-t-il une certaine influence sur l'application des peines (en mentionnant tant l'âge que les modifications pénales)?*

Certains Codes, tel s que le Code autrichien du 27 Mai 1852, §§ 46, 47,
donnent une longue énumération des causes atténuantes qui dépendent de
la personnalité; tels que faiblesse d'esprit, éducation très-négligée, vie
antérieure irréprochable, entraîn au crime par crainte ou par obéissance
ou par emportement excusable, indigence extrême, faim, détermination
par la négligence d'autrui, repentir après la consommation du crime, en
tâchant de réparer le dommage causé ou d'empêcher ou d'atténuer les
conséquences fâcheuses du crime, dénonciation volontaire avant la découverte ou la poursuite, assistance portée à la découverte ou la saisie des
autres coupables, durée prolongée de la détention préventive sans la faute
du détenu. Tandis que d'autres législations s'abstiennent de toute énumération en confiant la pondération de ces circonstances, quant à l'application
d'une peine plus ou moins sévère, au discernement du jury ou des juges.

On demande donc:

*Votre législation donne-t-elle une énumération de circonstances atté-
nuantes autres que celle résultant de l'âge de l'accusé ou du prévenu?*

En cas de réponse affirmative: quelles sont ces circonstances?

2°. Parmi les circonstances atténuantes, résultant de la *nature du fait* ou *de l'action*, nous avons déjà mentionné la tentative, qui atténue l'action à mesure qu'elle s'éloigne du fait accompli, l'exiguité du dommage causé ou la valeur minime de l'objet volé en cas de vol. Une troisième cause atténuante est la réparation du dommage causé ou la restitution des objets volés.

On demande donc:

Votre législation mentionne-t-elle cette réparation ou cette restitution parmi les causes atténuantes de la peine?

Les causes qui ont pour effet de faire disparaître le crime et d'exclure toute criminalité dans l'agent sont les causes de justification; parmi ces causes il y en a deux qui s'étendent à tous les crimes ou délits et sont admises par toutes les législations: la démence et la contrainte (Nothwehr, feci, sed invitus et vi coactus feci). L'art. 64 du Code Pénal français s'exprime ainsi: „Il n'y a ni crime ni délit, lorsque le prévenu était en état de démence au temps de l'action, ou lorsqu'il a été contraint par une force à laquelle il n'a pu résister". Quoique ces deux causes soient des plus évidentes et que nulle difficulté ne puisse s'élever sur le principe abstrait; on n'est guère tombé d'accord sur les limites.

Les anciens grecs nommaient déjà l'ébriété ou l'ivresse complète une courte démence. Les anciennes législations des états allemands voyaient dans l'état d'ivresse, pendant lequel un acte coupable a été commis, tantôt une cause d'impunité complète (unverschuldete höchste Trunkenheit), tantôt un simple motif d'excuse ou d'atténuation. Le célèbre commentateur de la législation anglaise Blackstone déclare au contraire que cette législation ne voit dans l'ivresse qu'une cause d'aggravation de la peine. Le Code Pénal français garde sur cette question le silence le plus complet. Le Code autrichien de 1852 se borne à punir l'ivrognerie comme délit et contravention aux mœurs publiques. Le nouveau Code Pénal allemand § 51 justifie l'ivresse complète en mentionnant un état de perte de sentiment ou de privation de sens (Bewusstlosigkeit).

Vous aurez à répondre aux questions suivantes:

L'ivresse complète est-elle admise par votre législation comme cause de justification qui a pour effet de faire disparaître le crime ou le délit?

L'état d'ivresse pendant l'exécution d'un crime ou d'un délit est-il considéré comme cause atténuante ou comme cause aggravante et dans quels cas?

L'ivrognerie est-elle punie de peines spéciales ou disciplinaires?

Nous trouvons dans le Code Pénal allemand un § 58 qui acquitte le sourd-muet, lorsqu'il ne possède pas l'intelligence suffisante (erforderliche Einsicht) pour reconnaître sa culpabilité en commettant une infraction à la loi.

Votre législation admet-elle ce principe?

Le surdo-mutisme est-il admis dans certains cas comme cause justificative, dans d'autres comme cause atténuante du crime ou du délit ou n'est-il pas mentionné dans votre législation pénale?

Nous ne pouvons entrer dans des considérations sur la démence partielle, les hallucinations et les moments lucides, ni dans des discussions sur l'état de somnambulisme, auquel nous appliquons de bonne grâce la maxime de Tiraqueau: dormiens furioso acquiparatur.

La contrainte physique ou celle qui résulte d'une force physique directe et immédiate ou qui lui porte résistance n'offre point de difficulté; la contrainte morale au contraire ou celle qui résulte, soit de la menace d'un mal plus ou moins grave en cas de refus d'exécuter un crime, soit du commandement d'une personne qui a autorité sur l'agent, puise sa force dans l'enchaînement par la terreur de la volonté de la personne sur laquelle elle est exercée; elle s'affaiblit par la force ou la résistance morale que lui oppose cette personne. En général les législations ne considèrent comme cause justificative d'un crime que la contrainte morale qui s'attaque à la vie même de l'agent, à ses membres, à sa personne, en suivant le précepte romain: talem metum probari oportet qui salutis periculum vel cruciatum corporis contineat. Ce principe on le retrouve tant dans les lois anglaises et américaines (Threats and menaces inducing fear for death or other bodely harm) que dans les Codes Pénals français (force à laquelle il n'a pu résister) et allemand (§ 53 diejenige Vertheidigung, welche erforderlich ist, um einen gegenwärtigen rechtswidrigen Angriff von sich oder einem Anderen ab zu wenden).

Le Code Pénal allemand, § 53, al. 3, déclare excusable (nicht strafbar) celui qui a franchi les bornes de la contrainte, lorsqu'il a agi par effroi, crainte ou terreur et n'admet point d'action punissable lorsque, hors des cas de contrainte, l'action a été commise pour se sauver d'une position périlleuse, dans laquelle on se trouve placé sans sa propre faute et qui met le corps et la vie de l'auteur et des siens dans un danger imminent (§ 54). D'après cette disposition celui qui, en cas de famine, à laquelle il n'a pu porter remède et qui met sa vie ou celle des siens en danger imminent, vole un pain ou tout autre comestible, ne commet pas une action punissable.

On demande:

En quels cas la contrainte physique, en quels cas la contrainte morale sont des causes justificatives du délit ou du crime?

Du vol nous passons à l'abus de confiance (Unterschlagung dans les Codes allemands, Veruntreuung dans le Code autrichien). Nous avons vu que le premier élément du vol est la *soustraction*; dans l'abus de confiance l'agent s'approprie une chose qui lui a été *confiée* ou qui *légitimement se trouve entre ses mains* par l'effet de la volonté même ou de l'assentiment du propriétaire, à la charge de la *rendre* ou *représenter* ou d'en *faire un usage* ou *un emploi déterminé* (art. 408 Code Pénal français; rechtswidrige Zueignung einer fremden bewegliche Sache, die man in Besitz oder Gewahrsam hat; § 246 du Code Pénal allemand). Le caractère distinctif de l'abus de confiance est le détournement d'une chose d'autrui à sa destination, la dissipation au préjudice du propriétaire (1), le furtum usus possessionis des Romains. Ainsi que le vol cette infraction a un caractère frauduleux. Les législateurs ne sont pas tombés d'accord sur la classification de l'abus de confiance. Les constitutions et les législations allemandes, en se rapprochant du furtum des Romains, traitent en général de l'abus de confiance dans le chapitre du vol. Telle est la place que lui assignent la constitution criminelle carolino, art. 170 et le Code Pénal de l'empire allemand, § 246. Dans le Code Pénal français l'abus de confiance est le § II de la section II, Tit. II, ch. II du troisième livre intitulé: Banqueroutes, escroqueries et autres fraudes. Le législateur belge dans la rédaction du nouveau Code Pénal a suivi cet exemple. En général les législations pénales récentes considèrent l'abus de confiance comme une infraction spéciale à la loi et comme un crime ou délit contre la propriété.

En caractérisant la différence entre l'abus de confiance et le vol, on s'aperçoit d'abord qu'on ne peut imputer à l'auteur de l'abus de confiance ni la préméditation du délit, qu'il n'a pas préparé, ni l'audace de l'exécution, puisqu'il n'a fait que s'approprier des effets qui lui étaient confiés. Son action révèle un haut degré de faiblesse, qui lui a fait céder à l'occasion qui lui était offerte. Mais, ne se manifestant par aucun fait extérieur, elle n'ébranle point l'ordre public et n'apporte du trouble que dans les relations privées. Plusieurs faits, actuellement du domaine de la loi pénale et considérés comme abus de confiance, n'étaient anciennement que dols civils et ne donnaient lieu qu'à des actions en dommages intérêts.

En France l'art. 29, sect. II, tit. II du Code de 1791 et l'art. 12 de la loi du 25 Frimaire an VIII prévoyaient la seule violation du dépôt. L'art. 408 du Code Pénal de 1810 y ajouta le détournement des objets remis pour un *travail salarié* à la charge d'en faire un usage ou un emploi déterminé. La loi du 28 Avril 1832 étendit les dispositions de l'art. 408 à trois cas nouveaux, ceux où les effets détournés auraient été remis à titre de louage, de mandat ou *pour un travail non salarié.*

Nous croyons que les expressions choisies par la plupart des législateurs des états de l'ancienne confédération ainsi que de la Suisse allemande *in Besitz oder Gewahrsam*, expressions qu'on retrouve dans le § 246 du nouveau Code Pénal allemand, ou bien la terminologie autrichienne § 181, 183 du Code Pénal de 1852 *anvertrautes Gut*, qualifient mieux l'infraction en la généralisant que le *à titre de dépôt* du Code Pénal français, qui donnera matière à des amplifications à mesure et tant que des cas non prévus se rencontrent. Le Gewahrsam des allemands comprend tout objet confié ou qu'on est obligé de garder, peu importe à quelque titre qu'il ait été confié. Le Code Pénal du Grand-duché de Toscane du

(1) Indépendamment de la fraude, condition commune et essentielle, le vol consiste, d'après l'art. 379 C. P. à *soustraire*, l'escroquerie, d'après l'art. 405 à se *faire remettre*; l'abus de confiance, d'après l'art. 408, à *détourner* ou *dissiper*. Arrêt de la cour de cassation française du 9 Mai 1835.

8 Avril 1850, art. 398, étendait l'abus de confiance à l'usage abusif de toute chose appartenant à autrui qui a été confiée ou remise pour la conserver, l'administrer, la réparer, la transporter ou à quelqu'autre titre, moyennant l'obligation de la rendre ou d'en faire un usage déterminé.

On aura donc à répondre aux questions suivantes:

Votre législation considère-t-elle l'abus de confiance comme une infraction spéciale à la loi?

Quelle place assigne-t-elle à cette infraction dans la classification des délits et des crimes?

Votre législation spécialise-t-elle les cas dans lesquels l'abus de confiance est considéré comme crime, comme délit?

En cas de réponse affirmative: *indiquer les cas spéciaux.*

En cas de réponse négative: *indiquer le principe adopté pour la généralisation.*

Le Code Pénal français a prévu quatre cas d'abus de confiance, qui par les éléments qui les constituent sont des délits entièrement distincts les uns des autres et n'ont de rapport commun que dans le mode de leur perpétration: l'abus des besoins d'un mineur, l'abus du seing blanc, le détournement d'objets confiés à un certain titre, la soustraction des pièces produites en justice. Quoique l'abus de confiance se commette dans les deux premiers cas, surtout dans le premier, dans un esprit de lucre et de cupidité, ces cas, ainsi que le quatrième, ne rentrent pas dans notre matière. Il s'agit dans ces cas moins du préjudice matériel, qui n'est qu'une présomption, que d'abus commis envers des personnes qui par leur jeunesse ont moins d'expérience, d'abus de pièces de confiance et de soustraction de pièces judiciaires.

L'abus de confiance, dans le sens restreint que nous lui donnons, ne peut exister sans l'application au même fait des quatre éléments suivants: 1°. Le prévenu doit avoir *détourné* ou *dissipé* des objets *confiés.* 2°. Ce détournement doit avoir été commis au *préjudice* des propriétaires, possesseurs ou détenteurs. 3°. Les objets confiés doivent avoir une *valeur appréciable,* tels que effets, deniers, marchandises, billets, quittances ou tous autres écrits contenant ou opérant obligation ou décharge. 4°. Les objets doivent avoir été *remis,* à quelque titre que ce soit, à la charge de les *rendre* ou *représenter* ou d'en *faire un usage* ou *emploi déterminé.*

On demande donc:

Votre législation considère-t-elle la coïncidence de ces quatre éléments comme essentiels pour la constitution de l'abus de confiance?

En général l'abus de confiance est puni d'une peine moins forte que le vol. Le Code Pénal français punit l'abus de confiance sans circonstance aggravante d'un emprisonnement de deux mois au moins et de deux ans au plus (art. 408 (406)); le Code Pénal allemand § 246 d'un emprisonnement de trois ans au plus. La qualité de l'agent, tel que domestique, homme de service à gages, élève, clerc, commis, ouvrier, compagnon ou apprenti, au préjudice de son maître, a fait monter en France la peine à celle de reclusion par la disposition de l'art. 91 de la loi du 28 Avril 1832.

On trouve dans la plupart des anciens Codes Pénals des états de l'ancienne confédération germanique une énumération détaillée de personnes qui, inspirant une plus grande confiance que tout autre, tant par leur qualité et leur profession que par leur rapport intime avec la personne lésée, qualifient l'abus de confiance et l'élèvent d'un simple délit à la hauteur d'un crime ou d'un vol qualifié par les circonstances aggravantes.

Le Code Pénal autrichien du 27 Mai 1852 qualifiait l'abus de confiance tant d'après la valeur des objets détournés que d'après la qualité de la personne, à laquelle ils étaient confiés. Les §§ 181 et 182 punissaient l'abus commis par un fonctionnaire de l'état ou de la commune ou par toute autre personne, munie d'un mandat public ou communal d'un emprisonnement grave (Schwerer Kerker) jusqu'à cinq ans, lorsque l'objet détourné n'a qu'une valeur de 5 à 100 florins, jusqu'à dix et même jusqu'à vingt ans, en cas de valeur plus grande; tandis que l'abus de confiance commis par toute autre personne était puni d'un emprisonnement simple (Kerker) de six mois à un an, lorsque la valeur de l'objet ne surpasse pas, d'un emprisonnement grave de un à cinq ans lorsqu'elle surpasse les 300 florins; peine qui pouvait être élevée à dix ans en cas de circonstances très-graves.

On retrouve la graduation de la peine d'après la valeur dans l'ancien Code Pénal du 6 Mars 1845 du Grand-duché de Bade § 403, du Grand-duché de Hesse du 17 Septembre 1841, art. 382, ainsi que dans les Codes Pénals suisses des cantons de Thurgovie du 15 Juin 1841, § 233, de Vaud du 18 Février 1843, et de l'ancien Grand-duché de Toscane du 8 Avril 1856, art. 397. Ce dernier Code, très-explicite, punissait l'abus de confiance (truffe) d'un emprisonnement au-dessous d'un mois lorsque la valeur était inférieure à 40, de un à trois mois en cas d'une valeur de 40 à 200, de trois à dix mois de 200 à 1000 lires, de dix mois à trois ans en cas d'une valeur plus grande. (1)

D'autres Codes renvoient quant à la peine aux dispositions qui s'appliquent aux différentes espèces de vol en statuant que la durée de la peine sera diminuée de la moitié (ancien Code Pénal du royaume de Saxe du 13 Août 1855, art. 289, 3°), d'un quart (anciens Codes du royaume de Wurtemberg du 1 Mars 1839, art. 348 et du Duché de Nassau du 14 Avril 1849, art. 375, du canton suisse de Thurgovie du 15 Juin 1841, § 233) que la peine sera la même que celle du vol (les anciens Codes des états de Thuringue, du ci-devant royaume de Hannovre du 8 Août 1840, art. 346 et § 10 de la loi hannovrienne du 20 Avril 1857, des cantons suisses de

(1) Dans la statistique de la justice criminelle du royaume d'Italie pour l'année 1870, Tab. IX, pag. 287, Tab. XVIII, pag. 507, on trouve mentionnées sous une rubrique: Truffe, frodi o scrocchi, appropriazione indebite, sciente ricettazione o compra di oggetti furtivi.

Fribourg de Mai 1849, artt. 238 et 239, de Lucerne du 12 Mars 1836, § 247).

On aura a répondre aux questions suivantes:

Votre législation punit-elle l'abus de confiance de la même peine que le vol ou d'une peine plus faible?

Existe-t-il un certain rapport entre ces deux infractions quant à la pénalité?

Dans l'évaluation des peines prend-on considération:

    a) la valeur des objets détournés ou dissipés?

    b) la qualité de l'agent?

Indiquer les différences en valeur, les qualités de l'agent qui qualifient ce crime et ce délit et les diverses modifications ou graduations dans la nature et la durée de la peine.

L'escroquerie a trois éléments, dans lesquels se résume toute l'incrimination. Le premier élément est l'emploi de moyens frauduleux ; le second la remise des valeurs obtenues par ces moyens; le troisième le détournement ou la dissipation de ces valeurs.

L'escroquerie n'a de commun avec l'abus de confiance que ce dernier moyen; il participe du vol la préméditation du délit et l'audace dans l'exécution. On pourrait même dire que l'escroc surpasse en général le voleur en perfidie et en ruse.

L'escroquerie en gravité est égale au vol. Le voleur prend ou soustrait, n'importe par quels moyens, ce que l'escroc se fait remettre par fraude ou par ruse. La durée de la peine est dans le Code Pénal français la même pour le vol simple (art. 401) que pour l'escroquerie (art. 405), emprisonnement d'un an au moins et de cinq ans au plus; l'amende est dans le premier cas de seize à cinq cent, dans le second de cinquante à trois mille francs. Le taux de l'amende est donc beaucoup plus élevé en cas d'escroquerie qu'en cas de vol. Cette différence se justifie par la considération que les degrés de ce délit sont si divers et qu'il revêt des nuances si multipliées, surtout quant au préjudice porté et à la valeur des sommes détournées.

Les moyens frauduleux employés pour amener la remise ou la délivrance des fonds et autres valeurs sont d'après l'art. 405 du Code Pénal français de deux espèces: 1° L'usage de faux noms ou de fausses qualités; 2° L'emploi de manoeuvres frauduleuses destinées à persuader l'existence de fausses entreprises, d'un pouvoir ou d'un crédit imaginaire ou à faire naître l'espérance ou la crainte d'un succès, d'un accident ou de tout autre évènement chimérique.

Le législateur français de 1810 a donné une nouvelle définition et constitution du délit d'escroquerie. Anciennement on qualifiait du nom d'escroquerie les larcins commis soit par adresse dans les lieux publics, les *saccularii* des romains qui *yetitas in sacculo artes exercentes subducunt, partem subtrahunt*, soit dans des maisons particulières par des individus qui s'y sont introduits sous différents prétextes, les *directarii, hi qui in aliena coenacula se dirigunt furandi animo.*

La loi française du 16—22 Juillet 1791, tit. II, art. 35, avait compris sous le nom d'escroquerie tout vol, toutes fraudes ou manoeuvres qui ayant pour but la soustraction du bien d'autrui, ne cherchent à l'accomplir qu'en provoquant une confiance aveugle dont elles abusent avec perfidie. En se servant du mot *dol* le législateur de 1791 avait atteint tant le dol civil ou toutes ces fraudes légères, qui ne peuvent donner lieu qu'à une action civile, que le dol criminel ou ces manoeuvres coupables, dont le seul but est de nuire aux intérêts d'autrui. En parlant d'un abus de la crédulité de quelques personnes il n'avait pas nettement posé la ligne de démarcation entre l'escroquerie et l'abus de confiance. Le législateur de 1810 évita ces deux écueils en omettant cette dernière addition et en précisant les faits caractéristiques du dol criminel, tout en supprimant le mot *dol*.

Le nouveau Code Pénal allemand § 263, sous la dénomination de fraude (Betrug) n'atteint que l'escroquerie par manoeuvres frauduleuses (Vorspiegelung falscher, Entstellung oder Unterdrückung wahrer Thatsachen), qu'elle punit d'un emprisonnement, sans en fixer le taux, et d'une amende au plus de mille Thaler ou en cas de circonstances atténuantes d'une simple amende. Le délit doit avoir pour but de se procurer ou de procurer à un tiers un gain illégitime, tout en nuisant aux intérêts d'autrui. — Les Codes Pénals des états de l'ancienne confédération germanique ainsi que le Code autrichien considèrent le délit au même point de vue que le nouveau Code allemand.

Le stellionat des romains, qui désignait des filouteries d'une valeur non sans importance exécutées avec une adresse dangereuse, paraît avoir eu un caractère plus grave que l'escroquerie.

Vous aurez à répondre aux questions suivantes:

Votre législation considère-t-elle l'escroquerie comme un crime ou un délit spécial?

En cas de réponse affirmative: *Qu'entend-elle par escroquerie?*

Cette définition se rapproche-t-elle de la définition du Code Pénal français?

Quels sont les éléments de l'escroquerie?

En cas de réponse négative: *Sous quelle espèce de crimes ou de délits range-t-elle les manoeuvres frauduleuses de, l'usage de faux noms ou de fausses qualités par l'escroc?*

Quels sont dans votre législation les caractères distinctifs du vol, de l'abus de confiance et de l'escroquerie?

Sous quels rapports existe-t-il une affinité plus ou moins grande entre ces trois espèces de crimes ou de délits?

Tout en glanant nous avons donné un exposé fidèle des législations pénales allemandes et françaises pour élucider les diverses questions que nous avons proposées; nous nous sommes abstenus de toute composition d'un tableau comparatif statistique. Il me reste à justifier cette abstention peu conforme aux travaux préparatoires de mes savants confrères russes, qu'on trouve dans le programme de la huitième session du congrès international de statistique, section V, pag. 50. suiv.

Chaque pays qui publie des comptes-rendus de la statistique de la
justice criminelle possède des modèles et des formulaires conformes à sa
législation. Dans la plupart de ces comptes-rendus, tels que ceux de la
France, de l'Italie et des Pays-Bas, on trouve pour chaque rubrique ou
catégorie de crimes ou délits mentionnés, les articles du Code Pénal ou
des lois modificatives auxquelles chaque chiffre ou quotité a rapport. Chaque
changement dans la législation pénale de quelque importance fait sentir
dans un même pays son influence sur la composition des tableaux et rend
souvent incomparables les données antérieures et postérieures aux modifications dans la législation.

En France l'influence de la loi du 28 Avril 1832, qui avait fait
passer quelques vols de la classe des crimes dans celle des délits a été
telle qu'en divisant les vingt-cinq années 1826 à 1850 en périodes de cinq
ans chacune et en comparant les deux périodes extrêmes 18⁴⁰/₄₉ et 18⁴⁶/₅₀,
l'une antérieure, l'autre postérieure à la loi, on obtient une diminution
de 16 % pour le nombre des accusés de vols qualifiés ou de ceux qui
ont comparu devant les cours d'assises, tandis que le nombre des préven-
tions de vols simples déférées aux tribunaux correctionnels avaient triplé
depuis 1826. Ajoutons toutefois pour acquit de conscience que l'année 1847,
année de grande cherté de blé par suite de la mauvaise récolte de 1846,
ainsi que la tendance des tribunaux français d'admettre, surtout en matière
de vols, plus difficilement les circonstances aggravantes qui constituent les
crimes, afin de réduire les faits à de simples délits de leur compétence,
ont eu leur part dans ce résultat frappant.

L'influence de la loi du 15 Mai 1838 et surtout de la loi du 15 Mai
1849, autorisant le renvoi des accusés pour crimes punissables de la reclusion devant les tribunaux correctionnels, tout en commuant les peines et
en donnant une grande portée au système des circonstances atténuantes,
n'a pas été moins sensible en Belgique, où à quelques exceptions près tous
les vols domestiques et les vols de nuit dans une maison habitée ont été
renvoyés depuis 1849 devant les tribunaux correctionnels. La moyenne
annuelle des accusés pour vol, jugés par les cours d'assises, 321 de 1832
à 1839, 268 de 1840 à 1849 est descendue à 116 de 1850 à 1855, à 102
de 1856 à 1860, tandis qu'en moyenne de ces accusés ont été jugés chaque
année par les tribunaux correctionnels, 597 de 1840 à 1849, 1834 pendant la première des deux périodes quinquennales, 1841 pendant la dernière.

Dans les Pays-Bas les années antérieures à la loi du 29 Juin 1854,
1851 à 1853, ont donné une moyenne annuelle pour les accusés de vol
avec circonstances aggravantes, jugés par les cours provinciales de 1005,
pour les condamnés de 803, les années postérieures 1854 à 1858 de 709
et 634, tandis que la moyenne annuelle des prévenus renvoyés devant les
tribunaux correctionnels, soit par l'application des artt. 66 et 67 du Code
Pénal, soit par les nouvelles dispositions de la loi de 1854 a été de 82
contre 60 condamnés de 1851 à 1853, de 914 contre 816 condamnés de

1854 à 1858. Ont été jugés pour vol simple devant les tribunaux correctionnels pendant la première période 3216 dont 2629, pendant la seconde 3005 dont 2431 condamnés. La mitigation des peines en plusieurs cas de vols qualifiés a eu pour résultat une plus ample et libre admission de circonstances aggravantes que la rigueur des dispositions antérieures faisait écarter souvent en fraude de la loi.

Cette comparaison de l'influence de lois modificatives sur les résultats statistiques dans trois pays, qui aux périodes comparées avaient, sauf les modifications postérieures, la même législation pénale n'est pas oiseuse. Elle nous fait connaître les grandes difficultés d'une comparaison entre les données des différents pays en matière de statistique criminelle et les risques et périls qu'on court en négligeant de se rendre compte des changements successifs qu'ont subis les législations pénales dans les différents pays. Il ne suffit guère de savoir si un même Code Pénal est resté en vigueur dans deux, trois ou plusieurs pays; il s'agit de connaître les modifications qu'il a subi et l'influence de ces modifications sur la criminalité et sur les données statistiques.

Il existe en général moins de sévérité et de rigidité dans l'interprétation des lois pénales chez un jury que chez des magistrats. Le jury est plus enclin à admettre des circonstances atténuantes et à acquitter l'accusé en cas de doute ou de crainte d'une peine excessive. Il importe donc de connaître les différences dans la procédure ou l'instruction criminelle et dans la compétence des pouvoirs judiciaires. Même dans deux pays, où l'appréciation du fait ou la culpabilité et l'acquittement de l'accusé dépendent de la décision du jury, sa composition et la majorité exigée pour les condamnations exercent une grande influence sur les résultats.

Nous croyons donc qu'on doit commencer par jeter les premiers jalons d'une statistique criminelle comparée. Comme tels peut être considérée la série de questions que je viens de proposer. Ces questions, auxquelles j'espère recevoir de mes savants confrères à notre prochaine réunion des réponses nettes et précises, ont pour but de former des différents groupes d'états ayant des législations pénales similaires ou qu'on peut considérer comme racines d'un même tronc. Il s'entend que les statistiques criminelles de ces législations donnent un beaucoup plus grand nombre de résultats comparables que toute autre législation fondée sur d'autres principes. Chaque groupe doit avoir ses collaborateurs. On aurait p. ex. pour le groupe français la comparaison des faits statistiques en matière criminelle dans la France, la Belgique, les Pays-Bas et autres pays (1) qui ont adopté

---

(1) On trouve dans le Compte-rendu de la justice criminelle du royaume d'Italie, année 1870, Tab. IX, pag. 583, Tab. XVIII, pag. 593, mentionnés séparement le nombre de délits et crimes contre la propriété; 1° accompagnés d'homicide; 2° par extorsion et rapine accompagnés de violence contre la personne; 3° aggravés ou qualifiés par la valeur; 4° qualifiés par la personne; 5° qualifiés par l'effraction; 6° qualifiés par l'usage de fausses clefs; 7° qualifiés par l'escalade; 8° qualifiés par le temps et le lieu; 0° les vols simples.

le Code Pénal français, où calqué, telle que la Belgique, leur nouveau Code Pénal sur les principes de ce Code Pénal. Un second groupe résumerait les faits ou données comparables dans les législations germaniques, tels que le nouveau Code Pénal de l'empire allemand, la législation pénale autrichienne, le Code du canton de Zurich du 8 Janvier 1871, les législations similaires de la Suisse allemande, et ainsi de suite.

En comparant les résultats on devrait commencer par disséquer les lois ou les Codes Pénals par matières, telles que celle que je viens d'élucider, tels que les crimes contre la vie qu'ont traitée mes savants confrères russes. Chaque matière devrait être traitée séparement, successivement et par groupe. En suivant cette voie on ferait des progrès successifs, tout en obtenant la plus grande quantité de données comparables.

Le groupe français trouve dans le compte-rendu de la deuxième session du congrès international de statistique pag. 88 à 92 un modèle tout fait. Les statistiques criminelles de la France et des Pays-Bas, quant au vol, l'abus de confiance et l'escroquerie, peuvent fournir les données comparatives prescrites par ce modèle. En consultant la nomenclature des infractions prévues par le Code Pénal belge, adressée à M.M. les procureurs-généraux près des cours d'appel par une circulaire du 14 Août 1868 du ministre de la justice Jules Bara (circulaires, instructions et autres actes émanés du ministère de la justice, troisième série, années 1867—1869, pag. 340 à 358), nous ne doutons guère qu'il en soit ainsi pour la Belgique.

Ce modèle n'est guère applicable au groupe germanique ou allemand. Tout vol commis à l'aide de violence ne peut par exemple pas être considéré comme *Raub*, mais seulement celui où la violence a été préméditée et est inhérente au vol; le vol avec port d'armes au contraire, si l'on ne s'en est muni que pour s'en servir en cas de besoin est *l'ausgezeichneter Diebstahl* du nouveau Code Pénal allemand. Le Diebstahl du groupe allemand n'est guère synonime au *vol* du groupe français.

On rencontre les mêmes difficultés en passant à un troisième groupe, que nous nommerons le groupe anglais. La statistique criminelle anglaise sépare les offenses commises contre ou les attentats à la propriété avec violence de ceux sans violence. Elle n'entend par violence non-seulement la violence contre les personnes (robbery and attemps to rob) mais aussi les moyens violents dont on sert pour pénétrer dans les habitations et pour atteindre son but (burglary and housebreaking, breaking into shops, warehouses etc., attemps to break into houses shops, warehouses etc.), ainsi que les menaces par lettre ou par écrit pour extorquer de l'argent; crimes qui dans les comptes-rendus des états du premier groupe sont considérés comme vols avec circonstances aggravantes, dans ceux du second en partie comme *Raub*, en partie comme *ausgezeichneter Diebstahl*. Parmi les attentats à la propriété sans violence nous trouvons spécifiées les vols du gros bétail, des chevaux, des moutons, spécification qu'on cherche en vain dans les comptes-rendus des pays appartenant aux deux premiers groupes. On y trouve ensuite mentionnés séparement les vols dans une maison habitée jusqu'à la valeur de cinq livres sterling, les vols sur la personne (Larceny from person, tels que les coupeurs de bourse, pick pockets), les vols domestiques, les vols simples (Larceny simple), les vols sur les rivières, canaux, chantiers, etc., les vols d'objets tenant à fond et à clou (fixtures) et d'arbrisseaux non détachés du sol (shrubs growing) l'embezzlement (dissipation du bien d'autrui), les vols commis par des employés aux bureaux de la poste, le recel d'objets volés, les fraudes ayant pour but d'obtenir des biens meubles sous faux prétexte et les tentatives de fraude. Sauf les vols domestiques, les vols simples et le recel on cherchera en vain dans cette classification matière à comparaison avec les comptes-rendus des pays faisant partie des deux premiers groupes.

Le *Robbery* des anglais est-il le *Raub* des allemands? J'en doute. Le larceny des anglais, qui se divise en larceny commis par jeunes délinquants de moins de seize ans, en larceny d'une valeur inférieure, en larceny d'une valeur supérieure à cinq livres sterling et en larceny sur la personne (from person), a une signification beaucoup plus restreinte que les mots *vols* ou *Diebstahl*, sans être l'équivalent du mot *larcin* en français, vol d'une importance bien inférieure au *larceny* des anglais.

La matière que nous avons traitée est pour la statistique criminelle de la plus haute importance au point de vue moral, social et matériel. La fréquence du vol est un indice de dégradation morale ou de manque du respect dû à la propriété d'autrui. Elle alarme la sécurité et la confiance publique. Le vol plus que toute autre infraction porte atteinte aux biens matériels de la société et au développement normal des richesses sociales. Le malaise et la prospérité, la hausse et la baisse des prix, la pénurie et l'abondance des denrées les plus indispensables à la vie ont une grande influence sur la fréquence des vols. Les vols sont à la baisse et à la hausse avec les prix des grains.

La mauvaise récolte des blés en 1846, en élevant les prix à un taux anormal, eut pour résultat un accroissement en France des vols simples de 21 % en 1846 et de 58.5 % en 1847 comparativement à 1845. Le nombre de ces prévenus était de 26,257 en 1845, de 31,768 en 1846 et de 41,616 en 1847. L'augmentation a été beaucoup plus forte encore en Belgique où les vols simples se sont élevés à 6,047 en 1846, à 9,041 en 1847 contre 3,175 en 1845. Accroissement comparativement à 1845 de 90.5 % en 1846 et 184.8 % en 1847. Dans les Pays-Bas, où les comptes-annuels de la justice criminelle ne datent que de 1847 et où la nature des faits pour les tribunaux n'est indiquée que depuis 1850, l'année 1847 donne 1,874 accusés de vols avec circonstances aggravantes contre 1,073 en 1848 et 753 en 1849.

Parmi les crimes et délits jugés dans les différents pays les vols occupent proportionnellement un rang très-élevé. Dans les Pays-Bas de 1851 à 1868 sur mille accusés de chaque catégorie étaient accusés de vols ou tentatives de vols, hommes de 16 ans accomplis 722, garçons 933, femmes de 16 ans accomplis 835, filles 960; sur mille prévenus de chaque catégorie étaient inculpés de vols ou tentatives de vols hommes 195, garçons 649, femmes 292, filles 878. La combinaison des crimes et délits donne sur mille accusés et prévenus de chaque catégorie 227, 659, 823, 582 inculpés de vols ou de tentatives de vol.

En Angleterre les attentats contre la propriété avec ou sans violence forment la grande majorité des déclarations de et à la police. Pendant l'année 1868 dans l'Angleterre proprement dite et le pays de Galles sur 59,080 déclarations 6,284 ou 10.6 % avaient eu lieu pour attentats à la propriété avec violence, 46,502 ou 78.7 % pour attentats à la propriété sans violence. Nous apprenons en même temps que la grande majorité des délinquants échappe à la police et à la justice. Ont été pris en 1868 29,529 individus, dont condamnés 18,833. Parmi lesquels pour attentats à la propriété avec violence 2,959 ou 10.02 %, dont condamnés 2,031 ou 11.08 %, sans violence 20,097 ou 68.08 %, dont condamnés 12,789 ou 69.82 % du total des individus tombés dans les mains de la police ou justice et des condamnés. Le rapport entre les déclarations à la police et les personnes tombées dans les mains de la justice et condamnées est donc moins favorable pour les attentats à la propriété que pour les autres infractions à la loi. En effet sur cent déclarations sans distinction de la nature des faits on a pour les personnes arrêtées 49.98, condamnées 31.03, sur cent déclarations pour attentats à la propriété d'autrui 43.49 et 28.09.

Ces rapports ne seraient exacts que dans les cas où chaque déclaration ne représente qu'une seule personne; or l'association de malfaiteurs pour commettre un crime ou délit, association en général plus fréquente pour les attentats à la propriété que pour les autres infractions à la loi, rend les rapports encore moins favorables. Il importe donc de connaître le degré d'activité ou la force répressive tant de la police judiciaire que de la justice dans les différents pays. On n'obtiendra un travail complet que par la connaissance et la comparaison des trois éléments qu'on trouve dans la statistique criminelle anglaise, la statistique de la police judiciaire, la statistique de la justice criminelle ou des affaires jugées, ainsi que des personnes livrées à la justice et condamnées, la statistique des prisons ou des détenus dans les prisons, tant par prévention qu'après condamnation (police-criminal proceedings-prisons).

La Bavière à cet égard nous a donné un bon exemple en faisant publier un compte-rendu détaillé de la police judiciaire (Dr. Georg Mayr, Statistik der gerichtlichen Polizei im Königreiche Bayern u. in einigen anderen Ländern, München 1867).